滨州贝壳堤岛与湿地国家级自然保护区总体规划研究报告

刘长安　主编

海洋出版社

2021年·北京

图书在版编目（CIP）数据

滨州贝壳堤岛与湿地国家级自然保护区总体规划研究报告/刘长安主编. —北京：海洋出版社，2020.6

ISBN 978-7-5027-9946-5

Ⅰ.①滨…　Ⅱ.①刘…　Ⅲ.①沼泽化地-自然保护区-总体规划-研究-滨州　Ⅳ.①S759.992.523

中国版本图书馆 CIP 数据核字（2020）第 087813 号

责任编辑：张　荣

责任印制：安　淼

海洋出版社　**出版发行**

http：//www.oceanpress.com.cn

北京市海淀区大慧寺路 8 号　邮编：100081

廊坊一二〇六印刷厂印刷　　新华书店发行所经销

2020 年 6 月第 1 版　2021 年 3 月北京第 1 次印刷

开本：787 mm×1092 mm　1/16　印张：8.25

字数：150 千字　定价：60.00 元

发行部：62100090　邮购部：62100072　总编室：62100034

《滨州贝壳堤岛与湿地国家级自然保护区总体规划研究报告》编委会

主　编： 刘长安

副主编： 陈鹏飞　张怀渤

编　委：（按姓氏汉语拼音排序）

陈鹏飞　邓丽杰　雷　威　李华祥　李诗菲

廖国祥　刘长安　马军生　上官魁星　吴建全

邢庆会　许道艳　于彩芬　张　帆　张怀渤

张　悦　张祎萌　周胜玲　周志浩

前　言

滨州贝壳堤岛是我国保存最完整、唯一新老并存的贝壳堤岛，至今仍在继续生长发育，是研究黄河变迁、海岸线变化、贝壳堤岛的形成等生态环境演变的重要基地，在我国海洋、湿地研究工作中占有极其重要的地位。典型的贝壳滩脊—湿地是我国乃至世界上珍贵的海洋自然遗产。

为了抢救性保护滨州贝壳堤岛湿地，1999年10月无棣县人民政府批准建立无棣县海洋古贝壳堤自然保护区。2002年1月25日，山东省人民政府批准建立省级自然保护区（鲁政字〔2002〕34号）。2004年2月17日，山东省人民政府批准更名为滨州贝壳堤岛与湿地省级自然保护区。2006年2月11日，国务院正式批准建立滨州贝壳堤岛与湿地国家级自然保护区（国发〔2006〕9号）。2011年3月12日，国务院批准滨州贝壳堤岛与湿地国家级自然保护区面积、范围及功能区的调整（国办函〔2011〕22号）。

滨州贝壳堤岛与湿地国家级自然保护区是一个以贝壳堤岛湿地生态系统为主要保护对象的海洋自然遗迹类型自然保护区。该自然保护区具有我国规模宏大、世界罕见、国内独有的贝壳滩脊海岸，是东北亚内陆和环西太平洋鸟类迁徙的中转站和鸟类越冬、栖息、觅食、繁衍的场所，具有较高的科学研究价值和独特的生态旅游资源。

滨州贝壳堤岛与湿地国家级自然保护区成立以来，滨州贝壳堤岛与湿地国家级自然保护区管理局已建立了较为完善的保护管理体系，开展了一些巡护执法科学研究、生态环境监测和宣传教育等活动，并建设了一些基础与管护设施，自然保护区的各项事业得到了发展。然而，就科学化、规范化、有效地保护和管理而言，因资金缺乏，还存在着许多不足之处。自然保护区目前基础设施建设相对滞后，设备不齐全，野外巡护工具不完备，生态环境监测体系和信息化管理系统也尚未建立。同时，由于缺乏高素质的科研与管理人员，自然保护区尚未开展高水平的贝壳堤环境演变等项目研究，保护与社区对资源利用协调发展研究目前更少，这阻碍了保护区的健康、良性发展及与国内外同行开展深层次交流和合作工作的开展。

自2010年开始，国家海洋环境监测中心刘长安研究团队开展了自然保护区及周边区域的生态环境调查、研究工作。在掌握了丰富、全面资料的基础上和自然保护区管理局联合开展了滨州贝壳堤岛与湿地国家级自然保护区总体规划专项研究工作，期望通过此项的研究，为提高自然保护区管理局对贝壳堤岛与湿地生态系统的保护和管理水平、促进自然保护区资源开发利用与保护的可持续发展提供参考依据。

目　录

1 编制依据

1.1 法律、法规依据

(1)《中华人民共和国环境保护法》，2014 年 4 月 24 日十二届全国人大常委会第八次会议通过，2015 年 1 月 1 日起实施；

(2)《中华人民共和国海洋环境保护法》，2013 年 12 月 28 日十二届人大常委会第六次会议修订，2014 年 3 月 1 日起实施；

(3)《中华人民共和国海岛保护法》，2009 年 12 月 26 日经十一届全国人大常委会第十二次会议通过，2010 年 3 月 1 日起实施；

(4)《中华人民共和国海域使用管理法》，2001 年 10 月 27 日九届人大常委会第二十四次会议通过，2002 年 1 月 1 日起实施；

(5)《中华人民共和国渔业法》，2004 年 8 月 28 日十届人大常委会第十一次会议第二次修订；

(6)《中华人民共和国自然保护区条例》，1994 年 9 月 2 日国务院常务会议通过，1994 年 10 月 9 日发布；

(7)《中华人民共和国防治海岸工程建设项目污染损害海洋环境管理条例》，1990 年国务院令，2008 年 1 月 1 日修改；

(8)《国务院关于进一步加强自然保护区管理工作的通知》，国务院办公厅，1998 年 8 月 4 日；

(9)《山东省海洋环境保护条例》，2004 年 9 月 23 日山东省人大常委会发布，2004 年 12 月 1 日起实施；

(10)《湿地保护修复制度方案》（国办发〔2016〕89 号），国务院办公厅，2016 年 12 月 12 日；

（11）《中国生物多样性保护战略与行动计划》（2011—2030 年）（环发〔2010〕106 号），环境保护部，2010 年 9 月 17 日；

（12）《关于建立以国家公园为主体的自然保护地体系的指导意见》（中办发〔2019〕42 号），中共中央办公厅、国务院办公厅，2019 年 6 月。

1.2 技术规范与标准

（1）《自然保护区类型与级别划分原则》（GB/T 14529—93）；

（2）《海洋自然保护区类型与级别划分原则》（GB/T 17504—1998）；

（3）《海洋自然保护区管理技术规范》（GB/T 19571—2004）；

（4）《自然保护区功能区划技术规程》（LY/T 1764—2008）；

（5）《海洋功能区划技术导则》（GB/T 17108—2006）；

（6）《海港水文规范》（JTS 145—2—2013）；

（7）《海域使用分类》（HY/T 123—2009）；

（8）《海籍调查规范》（HY/T 124—2009）；

（9）《海洋监测规范》（GB 17378—2007）；

（10）《海洋调查规范》（GB 12763—2007）；

（11）《海水水质标准》（GB 3097—1997）；

（12）《海洋生物质量》（GB 18421—2001）；

（13）《海洋沉积物质量》（GB 18668—2002）。

1.3 规划、区划

（1）《黄河三角洲高效生态经济区发展规划》，国务院，2009 年 12 月 1 日；

（2）《山东半岛蓝色经济区发展规划》，国务院，2011 年 1 月 1 日；

（3）《山东省海洋功能区划（2011—2020 年）》，国务院，2012 年 10 月 10 日；

（4）《山东省海岛保护规划（2012—2020年）》，山东省海洋与渔业厅，2013年5月。

1.4 其他依据

（1）《滨州贝壳堤岛与湿地国家级自然保护区科学考察报告》，中国海洋大学，2008年5月；

（2）《滨州贝壳堤岛与湿地国家级自然保护区总体规划（2008—2017年）》，中国海洋大学，2008年5月；

（3）《滨州贝壳堤岛与湿地国家级自然保护区海岸带生态整治修复保护项目（一期）初步设计》，中交天津港湾工程设计院有限公司，2014年3月；

（4）《滨州贝壳堤岛与湿地国家级自然保护区海岸带生态整治修复保护项目（二期）初步设计》，山东省水产设计院，2015年11月；

（5）《滨州贝壳堤岛与湿地国家级自然保护区监测与评价报告》，滨州市海洋环境监测站，2015年11月；

（6）《滨州贝壳堤岛与湿地国家级自然保护区滩涂贝类资源调查报告》，滨州市海洋环境监测站，2016年9月；

（7）《滨州贝壳堤岛与湿地国家级自然保护区贝壳堤岛整治修复与保护实施计划》，国家海洋局烟台海洋环境监测中心站，2016年9月；

（8）《无棣县海域使用规划（2013—2020年）研究报告》，中国海洋大学，2016年9月；

（9）《滨州北海经济开发区海域使用规划（2013—2020年）研究报告》，中国海洋大学，2016年9月。

2 基本概况

2.1 自然保护区概况

2.1.1 自然保护区性质、类型与主要保护对象

根据《自然保护区类型与级别划分原则》和《海洋自然保护区类型与级别划分原则》，滨州贝壳堤岛与湿地国家级自然保护区属于海洋自然遗迹类型自然保护区。滨州贝壳堤岛与湿地国家级自然保护区是以贝壳堤岛、湿地生态系统为保护对象，集生物多样性保护、科研监测、宣传教育、社区共管、生态旅游及合理利用于一体的自然保护区，属于公益性事业单位。

2.1.2 自然保护区地理位置与范围

滨州贝壳堤岛与湿地国家级自然保护区位于山东省无棣县和滨州北海经济开发区的北部沿海地区，渤海西南岸（见附图1）。自然保护区范围在东经117°46′58.00″—118°05′42.95″，北纬38°02′50.51″—38°21′06.06″之间，保护区东以4.5 m水深线为起点，向西南经马颊河河口东岸沿养殖池堤坝向南，经老沙头东侧至死河，沿死河西岸向东南经堤坝到达傅家堡子东侧进入潮河，沿潮河向南至马山子北侧孙岔路；南以孙岔路为起点，向西至下泊头村北，黄瓜岭村东，沿孟庄子盐场老防潮坝至大济路东；西以大济路路东为起点，向北至大口河堡，从东侧绕过大口河堡，沿护岸堤绕至漳卫新河河道；北以大口河堡西侧的漳卫新河河道为起点，沿河道东边界向东北方向延伸，至4.5 m水深处，沿4.5 m等深线东延，

至东端马颊河河口外 4.5 m 水深处止。自然保护区范围由 A1~A58 共 58 个界址拐点顺序连线围成，自然保护区功能分区见附图 2，各界址拐点地理坐标见附表 1。自然保护区总面积为 43 541.54 hm^2。其中核心区面积 15 547.28 hm^2，占自然保护区总面积的 35.7%；缓冲区面积 13 559.27 hm^2，占自然保护区总面积的 31.1%；实验区面积 14 434.99 hm^2，占自然保护区总面积的 33.2%。

以马颊河河道中心线为界，自然保护区划分为两部分，分别隶属无棣县和滨州北海经济开发区，面积分别为 2.91×10^4 hm^2、1.44×10^4 hm^2，各占自然保护区总面积的 67%、33%。

2.1.3 自然保护区功能区划分

滨州贝壳堤岛与湿地国家级自然保护区划分为三个功能区，即核心区、缓冲区和实验区。

2.1.3.1 核心区

核心区包括贝壳堤岛与周边湿地、贝壳堤岛发育和稳定的贝类物源海域两部分，贝类物源海域的设定有利于贝壳堤岛与周边湿地得到有效保护，维持生态系统和生态过程的完整性。

核心区浅海边界自漳卫新河河道东边界向西北延伸 217 m 后转向大致平行于自然保护区外边界的方向延伸，至水深 2.5 m 附近后，沿大致平行岸线方向延伸至马颊河河口外水深 2.5 m 处，转向陆连接到马颊河西岸，越过马颊河并绕过老沙头向南延伸后返回马颊河西岸，沿盐田堤坝至车网城盐场，绕过车网城盐场结晶池，至西侧第二盐池堤坝向北至高坨子河口，向西绕过大口河堡至漳卫新河河道东边界止。由 C1~C19、A50~A52 点顺序连线围成，各拐点地理坐标见附表 2。该区面积为 15 547.28 hm^2，占自然保护区总面积的 35.7%。

核心区潮间和潮下湿地是贝壳堤岛的物源地，自然生长着大量的海洋贝类资源，是形成贝壳堤岛的物源。潮间湿地海洋生物物种丰富，是滨海湿地水鸟的集中栖息、觅食和繁殖地。

2.1.3.2 缓冲区

缓冲区位于核心区的外围，自 4.5 m 等深线至核心区的东、北、西缘，以及环绕核心区的潮上湿地的部分，缓冲区在自然保护区北边界附近围绕核心区分布，至缓冲区东南边界疏港路，沿疏港路路北延伸到沙头堡边，由村北绕过沙头堡沿马颊河向南，穿过马颊河至水沟堡盐场东侧盐田堤坝，沿堤坝北延至水沟堡盐场北侧堤路，向西与大济路自然保护区外边界相接。由 A1~A8、B1~B20、A45~A58 点连线围成除核心区以外的区域。各拐点地理坐标见附表 2。缓冲区面积为 13 559.27 hm^2，占自然保护区总面积的 31.1%。

2.1.3.3 实验区

实验区位于自然保护区范围内除核心区和缓冲区以外区域，自然保护区南部，其外部边界为自然保护区的外边界，其内边界为缓冲区外边界。由 A9~A44、B20~B1 点围成。各拐点的地理坐标见附表 2。实验区面积 14 434.99 hm^2，占自然保护区总面积的 33.2%。

该区域内的湿地一部分用于海水养殖和制盐，未利用区域植被繁茂。

自然保护区的缓冲区东西两侧未设实验区，这是因为缓冲区的东西两侧靠近河道，东侧是马颊河，西侧是大口河，重点保护对象分布区域在两条河之间的滩地，在划区上充分利用了天然河道作为保护屏障，确保重点保护对象的完整性。

2.1.4 自然保护区管理机构状况

2.1.4.1 自然保护区管理机构设置与人员配备情况

2006 年 6 月，滨州市机构编制委员会（滨编〔2006〕23 号）批准成立了隶属于无棣县人民政府的滨州贝壳堤岛与湿地国家级自然保护区管理局（事业编制，副县级），设局长 1 人、副局长 2 人；2008 年 5 月无棣县机构编制委员会（棣编〔2008〕2 号）批准滨州贝壳堤岛与湿地国家级自然保护区管理局配备工作人员 20 人，2014 年精简为 19 人（棣编〔2014〕19 号），内设行政管理科（办公室）、科研宣教科、资源保护管理科3个副科级职能科室，下设海监支队、大口河监管站、旺子岛监管站3个站、队（图2.1）。2015年3月底，按照无棣县委、县政府《关于政府职能转变和机构改革的实施意见》（棣发〔2014〕22号）文件要求，滨州贝壳堤岛与湿地国家级自然保护区管理局由与县海洋与渔业局合署办公改为县政府直属事业单位，办公地点迁至县国土大厦15层。

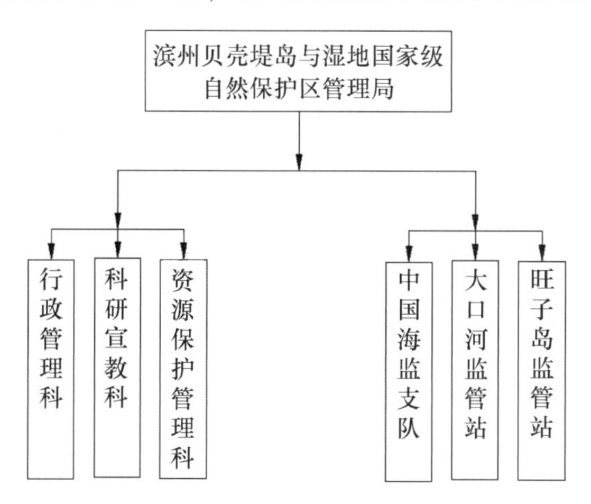

图2.1　滨州贝壳堤岛与湿地国家级自然保护区组织机构

2.1.4.2　组织机构的任务与职能

1）管理局职能

贯彻执行国家有关自然保护区的法律、法规和方针政策；协调有关部门，管理和监督下属各科室、队、站、所的工作；组织制定自然保护区总体设计和发展规划；制定自然保护区具体管理办法和各项管理制度以及内部规章制度，并监督执行；设置自然保护区界碑、标志物及有关保护设施；负责组织对自然保护区的巡护管理；组织开展自然保护区内基础调查和经常性监测、监视工作，建立自然保护区档案；组织自然保护区内科学研究和生态环境恢复，负责国内外学术交流与合作；开展关于自然保护区宣传教育和业务培训工作。

2）各科室、站、队职能

（1）行政管理科

行使办公室的工作职责。处理机关日常事务，协调、服务、统筹各科、站、队的工作；负责自然保护区的规划、计划、各项规章制度、人事、财务、基建、后勤保障的制定和贯彻执行；负责财政预算、财务收支、项目资金的管理；负责文书拟办、文件收发、档案管理及年度工作资料汇编的编印；监督自然保护区法规制度、资源的合理开发利用、整治修复的执行；负责内外网络、微博及监控监视系统设备的维护管理；负责局有资产的登记、借还、维护等管理。

（2）科研宣教科

负责自然保护区的常规性科研和生态监测工作，承担保护对象的监测、生态工作站和水鸟观测等工作，建立监测信息数据库；负责宣传自然保护区的各项法律法规及科普宣传教育等；负责开展与国内外科研单位、大专院校的科研协作、交流合作，开展自然保护区本底调查；制定自然保护区的科研宣教计划和规章制度，负责局网站、微信公众号的维护管理；开展自然保护区的对外宣传、信息上报工作，开辟新的宣传途径和渠道；负责局作品征集和信息宣传的评分考核评比工作；负责管理人员的专业教育及业务培训；负责“市级文明单位”的巩固提升；负责科普展馆的管理运营，擦亮全国海洋意识教育基地品牌，定期开展科普展示教育活动，印制分发宣传资料，宣传保护知识。

（3）资源保护管理科

负责掌握自然保护区内海域和土地上的盐场、养殖场、村庄等各资源的权属性质、范围、面积、影响评价等基础信息，建立一项目一档案的资源数据库；负责运用科学管理的方法和程序，承担自然保护区的开发建设、资源利用等管理事务；负责掌握区内开发利用活动情况，组织对自然保护区生态环境影响评估，并定期开展检查，全面落实生态补偿措施；负责自然资源的合理利用、保护修复、项目编制、申报；负责自然保护区宣传牌、警示牌、界碑桩等资产的维护管理。

（4）中国海监滨州贝壳堤岛与湿地国家级自然保护区支队

负责依据有关法律法规和权力清单，对侵犯自然保护区权益、损害环境与资源、破坏自然保护区设施等违法违规行为进行立案查处；负责马颊河东岸自然保护区的定期巡护监管；负责驻站日志、网上巡查、巡护记录等巡护档案的整理、保管、移交；负责自然保护区生态环境、主要保护对象及保护目标突发事件应急处理；负责发现违规违法问题的通报、上报等工作，定期进行行政处罚公示。

（5）大口河监管站和旺子岛监管站

负责监管马颊河西岸自然保护区内自然资源、生态环境和生产经营活动的日常巡护和网上巡查；负责巡护艇、气象观测场、马颊河西岸监控设备、木栈道、瞭望塔、警示牌、界碑桩等资产的维护及安全管理；开展社区共管，搞好辖区内自然保护区法律法规、政策要求等宣传教育；负责搞好海岸垃圾清理和驻地卫生，保持生态文明的海洋环境。

2.2 生态环境状况

2.2.1 地质地貌

自然保护区位于山东省西北端渤海湾西南岸，近代黄河三角洲的北缘西段。黄河高输砂量以及频繁改道，形成中国暖温带最具特色的滨海湿地。无棣县境内北部分布有两列贝壳堤，第一列在埕口镇以北，位于张家山子—李家山子—下泊头—杨庄子一线，长近 40 km，埋深 0.5~1.5 m，贝壳层厚 3~5 m，形成于全新世中期，距今 5 000 年左右；第二列在埕口镇东北，位于大口河—汪子堡—马颊河口一线，长近 22 km，由 13 个贝壳岛组成，岛宽 100~500 m，贝壳层厚 3~5 m，属裸露开敞型，形成于全新世晚期，距今 2 000~1 500 年。两列贝壳堤与河北省境内沿海岸分布的贝壳堤相连，组成规模宏大、世界罕见、国内独有的贝壳滩脊海岸，在国际上被称之为贝壳滩脊（Chenier）海岸。贝壳堤岛与滨海湿地构成了特殊的自然生态系统。滨州贝壳堤岛与湿地国家级自然保护区遥感影像见附图 3。

贝壳堤岛是在特定的自然环境下形成的独特地质地貌，自然保护区内分布的贝壳堤与国内外同等类型的贝壳堤比较，有几个独特之处：

一是贝壳质含量高。美国圣路易斯安娜州和南美苏里南贝壳堤的贝壳质含量仅为30%，国内天津、河北的古贝壳堤的贝壳质含量也不是很高，其中掺杂大量的泥沙，而自然保护区内贝壳堤，无论是深埋地下的还是裸露于地表的，其贝壳质含量几乎达到100%，很少有其他杂质。

二是新老贝壳堤并存。自然保护区内贝壳堤岛不但有距今5 000~2 000年的古贝壳堤，而且有处在生长发育过程中的新生贝壳堤，沿海岸分布的第二列贝壳堤岛，至今仍处在生长发育过程中。

三是典型的贝壳滩脊湿地生态系统。自然保护区内的贝壳堤岛与湿地生态系统是世界上贝壳堤岛保存完整、新老并存的贝壳滩脊—湿地生态系统，是研究黄河变迁、海岸线变化、贝壳堤岛形成等环境演变以及湿地类型的重要基地。该区域还是东北亚内陆和环西太平洋鸟类迁徙的中转站和鸟类越冬、栖息、繁衍的场所，在我国海洋地质、滨海湿地类型和生物多样性研究工作中占有极其重要的地位。

本区位于黄河近代三角洲平原两大进积叶瓣（距今2 000年左右的沧州—德州入海叶瓣和距今千年来的利津入海叶瓣）之间的沉溺带上，地势低平，发育了山东省最宽广的滨海湿地。低潮线以上滨海湿地，总体坡度小于万分之一。在地貌上自南向北可分成第一列贝壳堤、潮上沼泽湿地、第二列贝壳堤岛、潮间滩涂湿地和潮下湿地。地震基本烈度为6度。

（1）第一列贝壳堤位于自然保护区南缘：高程2.0~3.0 m（黄海基准，下同），贝壳堤埋入地下0.5~1.5 m，贝壳层厚3.0~5.0 m。

（2）潮上沼泽湿地：高程1.0~2.0 m，地貌形态可分成台地、微斜平地、洼地等，目前多处开发利用为养虾和制盐，形成人工湿地。

（3）第二列贝壳堤岛：贝壳岛附近受贝壳及其碎屑的加积影响，地形变高，一般高2.0~2.5 m，个别贝壳岛，如大口河堡、棘家堡子、汪子岛和老沙头堡等局部高程可达3.0~5.0 m，风暴潮期间也不会被海水淹没。单个贝壳岛平面上形似弯月，凸侧向海，弯侧堆积充填贝壳碎屑，垂向形成贝壳与其碎屑相间成层的层理结构。贝壳岛表面普遍发育贝砂土，长有灌木、草丛，植被茂密，野生植物较为丰富，为典型原始生态群落区。贝壳堤岛的贝壳及其碎屑中可见潜层淡水。

（4）潮间滩涂湿地：顺岸长15 km，坡度达3×10^{-4}~4×10^{-4}，由粉砂

淤泥质潮间坪组成，生长有文蛤和其他贝类资源，海浪将潮滩中的贝壳带至高潮线以上堆积，成为贝壳堤岛的物源。

（5）低潮线以外的潮下湿地：低潮时水深小于 1.0 m，由粉砂质黏土组成，地形平缓，坡度 5×10^{-4}~6×10^{-4}。

2.2.2 气候

自然保护区处于暖温带东亚季风大陆性半湿润气候区，具有四季分明、干湿明显、春干多风、夏热多雨、秋凉气爽、冬寒季长的特点。

春季 3—5 月，暖空气开始活跃，冷、暖空气相互消长，高低压系统交替频繁，气候多变，但仍受极地气团控制，暖空气不能大量输送，降雨少，大风日数多，温度上升快，3 月平均 5℃左右，5 月升到 20℃左右，由于风大，雨少，蒸发快，常春旱；夏季 6—8 月，太平洋高压增强北上，是全年气温最高，湿度最大，降水最多的季节，夏初盛吹西南风，6 月下旬至 8 月底为雨季，气候湿热，降水可占全年 70%，有时酿成涝灾；秋季 9—11 月，北方的冷空气开始活跃，暖空气萎缩，10 月开始秋高气爽，风和日丽，能见度高，昼夜温差大，秋末，北风增多，气温下降；冬季，12 月至翌年 2 月，受强大的蒙古高压的控制，北风盛行，气候干燥寒冷，按埕口盐场自动气象站多年资料统计，1 月为全年最冷月，降水最少，只占全年降水量的 2.5%。

2.2.3 海洋水文

2.2.3.1 海水性质

贝壳堤岛以北的近海区海水温度量值主要随太阳辐射大小而变。春、夏、秋三季表层水文等值线大致平行岸线。其中，春季（5 月）近岸水温 20℃左右，高于外海，秋季（11 月）外海水温 6~8℃，高于近岸，夏季（7—8 月），近岸水温 29~30℃，冬季低于 0℃。表层水温年较差以春季最大，达 22℃以上，底层水温年较差以秋季最大，达 20℃。

海水盐度大小受蒸发、降水以及陆地径流的影响，盐度较低，一般在20~22之间，而棘家堡子一带由于远离河口，盐度增至25~26。

由于近岸泥底水浅、风大，海水含沙量较正常海域高，秋季最高，平均含沙量0.42 kg/m^3，自然保护区东部接近套尔河一带，近岸含沙量剧增，为外海含沙量的5倍多。

海水透明度和水色水平分布不均，表现为近岸低，外海高，大口河岛一带透明度最高。然而，它们有明显的季节变化。夏季最大，为0.1 m，秋季最小为0.2 m，而汪子岛一带，海水水色透明度年均最大值为0.9 m，最小值为0.3 m，季节变化也较明显，夏季最大，可达1.0 m，春季0.6 m，秋季最小为0.2 m。

2.2.3.2 潮汐潮流

潮汐属不正规半日潮，按汪子岛以西观测数据，多年平均潮差221 cm，最大潮差355 cm，平均潮差年变幅125 cm，平均高潮间隙5小时27分，平均涨潮历时5小时18分，落潮历时7小时7分。自然保护区沿岸水域潮流最大流速80 ~114 cm/s，以大口河口外流速最大，表层流速一般小于底层流速而涨潮流速均小于落潮，有利于泥沙物质的外移和淤泥质潮滩的侵蚀。余流规律性不大，秋季余流常小于夏季，两季余流流速均小于10 cm/s。流向：秋季SE，夏季NW。

本区风暴潮主要来自寒潮，属于风暴潮多发区。由于近岸平缓水浅，春夏之交（2—4月）和秋末冬初（11—12月）寒潮风暴海水深入陆地十多千米，给沿海地区工农业生产和人民生命财产造成巨大损失。据统计，20世纪60年代以来3次特大风暴潮，埕口最大增水达327 cm，保护区一带水位上升到零上272 cm（黄海基准）。风暴增水过程多于减水过程，增水1 m以上的风暴潮。1945—1985年发生117次，平均每年3~4次。

2.2.3.3 波浪

波高是标志海浪能量的重要参数。自然保护区海域的波高冬半年明显大于夏半年，据岔尖水文站资料统计，月平均波高最大值为0.7 m，出现在5月、11月，最小值0.5 m，出现在7月、8月。主波向NEE—E和NE—SEE，频率分别为20%和38%，强波向ENE—E，最大波高3.0~

3.3 m，若遇风暴潮可引起潮滩贝壳向岸迁移，并翻越至堤岛向陆侧。

2.2.3.4 海冰

冬季受频繁冷空气的影响，自然保护区贝壳堤岛向海至海图 0 m 线海域普遍结冰，冰厚 50~70 cm，河口、浅滩处受潮水的作用，冰厚可达 1.2 m，最厚可达 3~4 m。据岔尖 1964—1972 年观测资料统计，多年平均结冰日约 50 天，最长 70 天，最短 31 天，从 12 月初开始至 3 月下旬，海冰完全消失。本区水浅滩平，盐度低，是渤海严重冰区之一，可构成灾害。

2.2.4 陆地水文

2.2.4.1 地表水

地表淡水来源有两个：一是大气降水，二是过境客水。大气降水多集中在夏季，据无棣北部白鹤观水文站实测资料，全县年均径流量 1.21×10^{8} m^{3}，枯水季节仅 121×10^{4} m^{3}，除少量被水库拦截外，大部分径流泄入渤海。过境客水主要通过漳卫新河、马颊河、德惠新河入海。

漳卫新河自德州市流入，在无棣县境内流长 47 km，在大口河岛西侧入海，进而沿黄骅港导堤方向流动。马颊河和德惠新河在无棣县境内流长分别为 40.36 km 和 57.5 km，在自然保护区东北部老沙头堡汇合，于贝壳岛西侧入海。下泄流量 1×10^{8} m^{3}左右。

目前，境内各河均被闸门拦截，闸上游河水被严重污染，闸下游直至河口基本成为海水进出的干潮河。

2.2.4.2 地下水

自然保护区地下淡水资源十分缺乏，地表以下十几米深均为海相地层，饱含海水或微咸水。地下淡水主要分布于贝壳堤岛，为上层滞水，如汪子堡大口河等岛均有，据 1994 年计算，储量达 3.8×10^{4} m^{3}，有埋藏浅、水质良好和受降水控制的特点，在淡水极度缺乏的海岛上是不可多得的淡水资源。另外，在实验区南边缘下泊头村北一带埋藏古贝壳堤中还保存储量更大的该类上层滞水。

自然保护区深层承压微咸水，分布较广，在大口河堡一带均有机井揭露，该承压水顶板埋深400~500 m；承压水头可高出地面0.3~0.5 m，自涌量达20~30 m^3/d，但矿化度高，氟、碘含量极度超标。

自然保护区北部一系列贝壳岛附近大片湿地区储存较丰富的卤水（盐度≥50），浓度50~130 g/L，最高可达150 g/L，化学成分与海水相似。卤水层厚平均20 m，顶板埋藏10~45 m，具有埋藏浅、分布广和易开采的特点，是理想的盐化工原料。据20世纪90年代山东省第一地质大队勘测，自然保护区北部棘家堡子和汪子岛等区域卤水资源分布面积56.5 km^2，浓度9.6°Bé，储量158.2×10^6 m^3，自然保护区车王城和马颊河下游一带卤水分布面积137 km^2，浓度7~8°Bé，储量161×10^6 m^3，据目前勘探，自然保护区内卤水总储量约461.6×10^6 m^3。

2.2.5 资源状况

2.2.5.1 海洋底栖生物资源

自然保护区北部浅海海域底栖生物资源丰富，以虾、蟹、贝为主。虾类有中国对虾、中国毛虾、脊尾白虾、鹰爪虾、爬虾、糠虾等；蟹类有三疣梭子蟹、日本蟳、天津厚蟹、宽身大眼蟹、关公蟹等；贝类有文蛤、日本镜蛤、中国蛤蜊、蓝蛤、青蛤、四角蛤蜊、脉红螺、纵肋织纹螺、扁玉螺、红带织纹螺、扁玉螺、白带三角口螺、秀丽织纹螺、朝鲜笋螺、毛蚶、微黄镰玉螺、托氏琩螺、竹蛏、长竹蛏、泥螺等（见附表3）。浅海滩涂生长的贝类资源的贝壳是形成贝壳堤岛的物源。

2.2.5.2 植物资源

海洋植物以浮游植物为主，无大型海藻；潮上湿地植物以盐生植物群落为主。草本植物有黄蓿菜、芦苇、碱蓬、碱蔓箐、臭蒿、油蒿和马绊草等；木本植物以柽柳、酸枣、地枣为主；亦有大量盐生中草药材，如罗布麻、蔓荆子、天门冬和夏枯草等。自然保护区植物名录见附表4。

2.2.5.3 湿地野生动物资源

自然保护区内可见野兔、狐狸、獾、黄鼬、刺猬、泽蛙、大蟾蜍、金线蛙、东方铃蛙、蜥蜴及几种小游蛇等野生动物。

2.2.5.4　湿地资源

自然保护区总面积为43 541.54 hm^2，其中，湿地类型面积41 809.8 hm^2，占总面积的96.0%，主要包括：贝壳堤岛、滩涂、浅海水域、盐田、养殖场等（表2.1）。

表2.1　自然保护区湿地资源类型及多年变化趋势表

类型	面积（hm^2）					趋势
	自然保护区批建前		自然保护区批建后			
	1979年	1990年	2000年	2010年	2015年	
贝壳堤岛	137.3	123.8	116.2	109.8	108.9	↘
滩涂	13 533.1	8 518.6	1 808.3	1 694.2	3 341.5	*
浅海水域	15 561.4	17 597.6	17 302.2	16 338.1	14 571.1	↗↘
自然植被	5 778.0	3 885.3	1 430.5	114.3	187.7	↘↗
河流	560.6	3 574.7	1 794.2	930.1	784.1	*
裸地	6 617.8	2 758.6	1 151.1	22.0	11.7	↘
盐田	658.1	5 421.9	16 351.73	19 077.37	20 078.03	↗
养殖场	695.3	689.4	1 941.22	3 764.15	2 691.84	↗↘
农业用地	—	948.4	1 547.7	1 327.4	1 521.8	↗
居民点	—	23.2	12.8	30.3	32.1	↗
道路	—	—	81.6	123.8	122.3	↗
工厂	—	—	4.0	7.2	7.2	↗
观测台	—	—	—	0.009	0.036	↗
巡护便道	—	—	—	—	0.104	* *

注：“*”表示受潮汐等因素影响而无法趋势分析；“* *”表示仅有一个数值而无法趋势分析。

自然保护区内特殊的地理特征和生态环境孕育了独特的自然景观和人文景观（图2.2）。自然保护区内地势平坦辽阔，生长有芦苇，许多野生鸟类在此栖息、觅食、繁育，风轻鸟鸣，静谧怡人。图2.3为1979年、1990年、2000年、2010年湿地资源分布图。

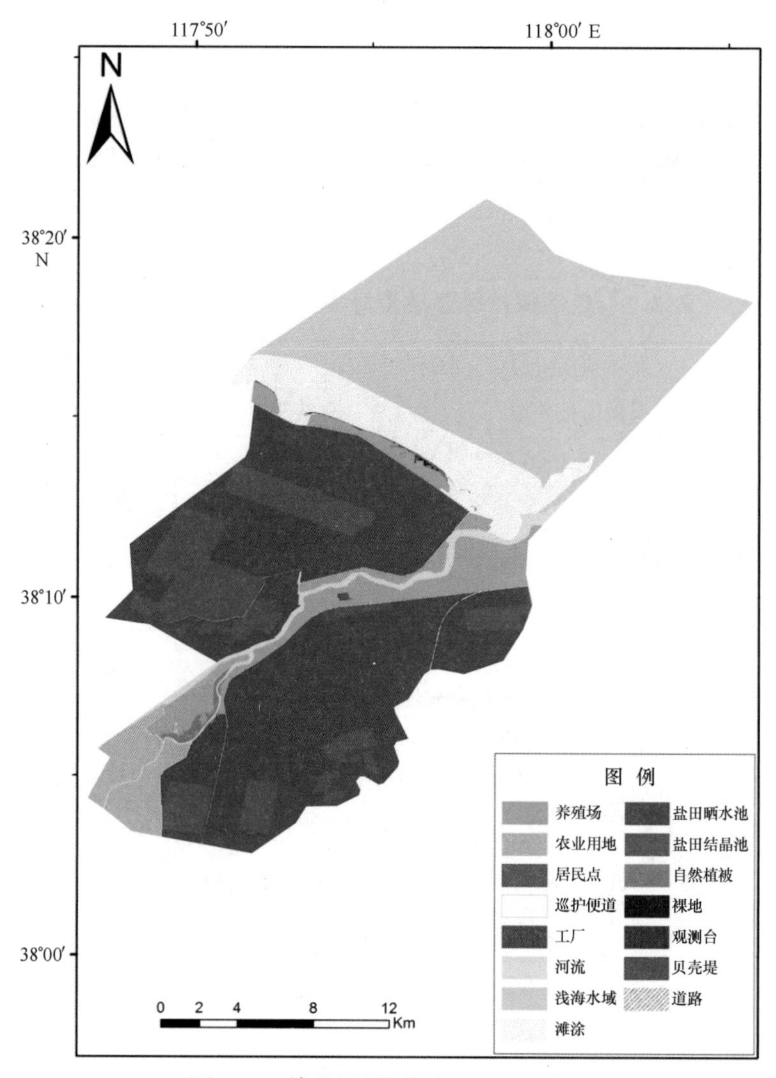

图 2.2 资源现状分布（2015 年）

由自然保护区湿地资源类型及多年变化趋势表分析知，自然保护区 1979—2015 年，贝壳堤岛、浅海水域、自然植被、裸地等自然湿地面积呈下降趋势，盐田、养殖场、农业用地、居民点、道路等类型面积呈现增加趋势变化，滩涂、河流等类型因受潮汐、“退养还滩”等因素影响无法明确其变化趋势。

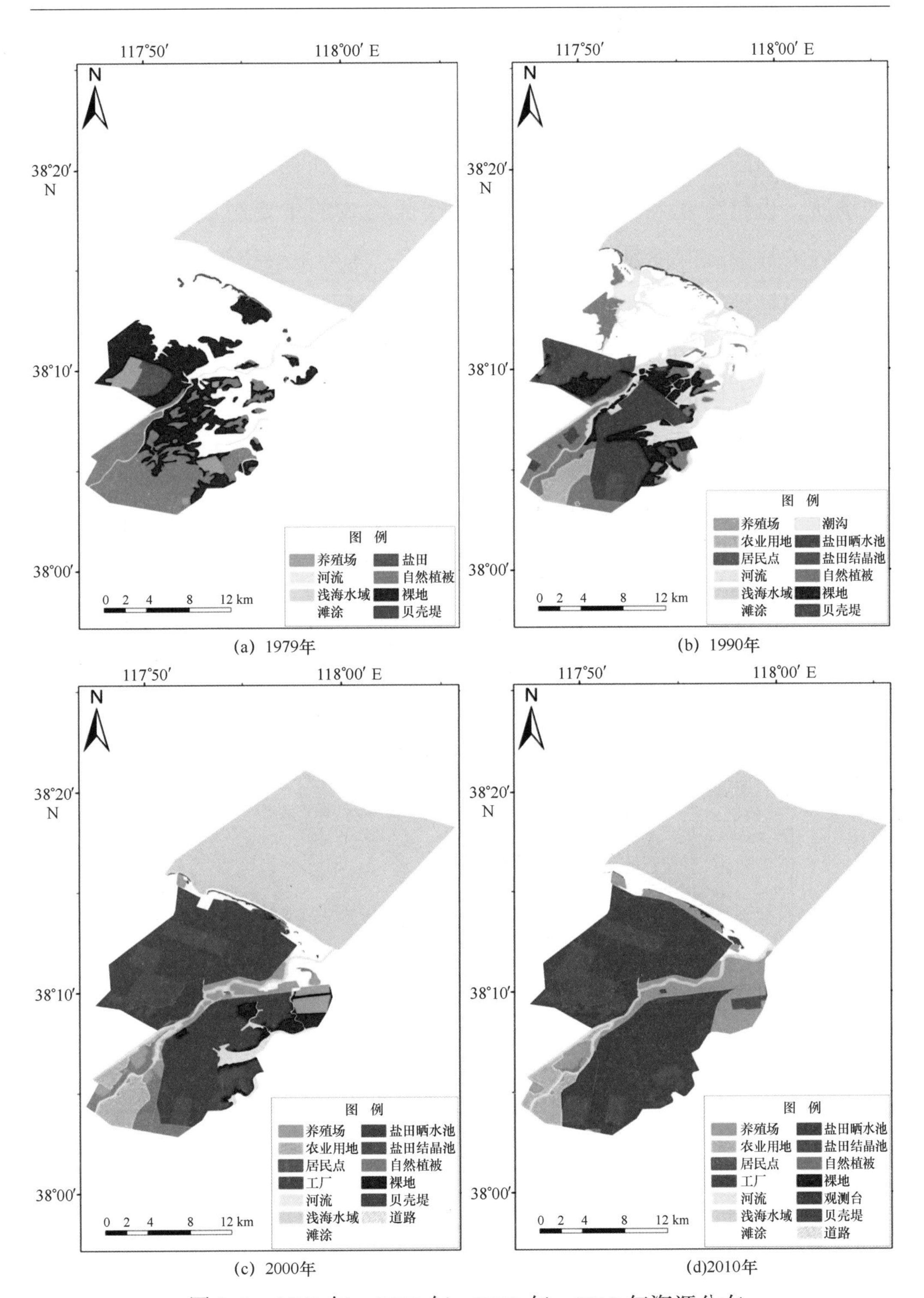

(a) 1979年　(b) 1990年　(c) 2000年　(d)2010年

图 2.3　1979 年、1990 年、2000 年、2010 年资源分布

2.2.5.5 鸟类资源

滨州贝壳堤岛与湿地国家级自然保护区是水鸟南北迁徙的重要驿站，是东北亚内陆和环西太平洋鸟类迁徙的中转站和鸟类越冬、栖息、繁衍的场所，也是东亚—澳大利西亚水鸟迁徙路线的重要组成部分。自然保护区内大片潮上湿地是候鸟主要活动区域；鸟类主要摄食湿地中的昆虫、水虫等底栖动物以及草根嫩芽；部分鸟类在草丛、滩涂上筑巢产卵孵化。2016年4月下旬（春季）及9月下旬（秋季），采用路线调查法与定点观测法相结合的方法，对自然保护区内鸟类分别进行了两次调查。调查区域及路线示意图见图2.4。

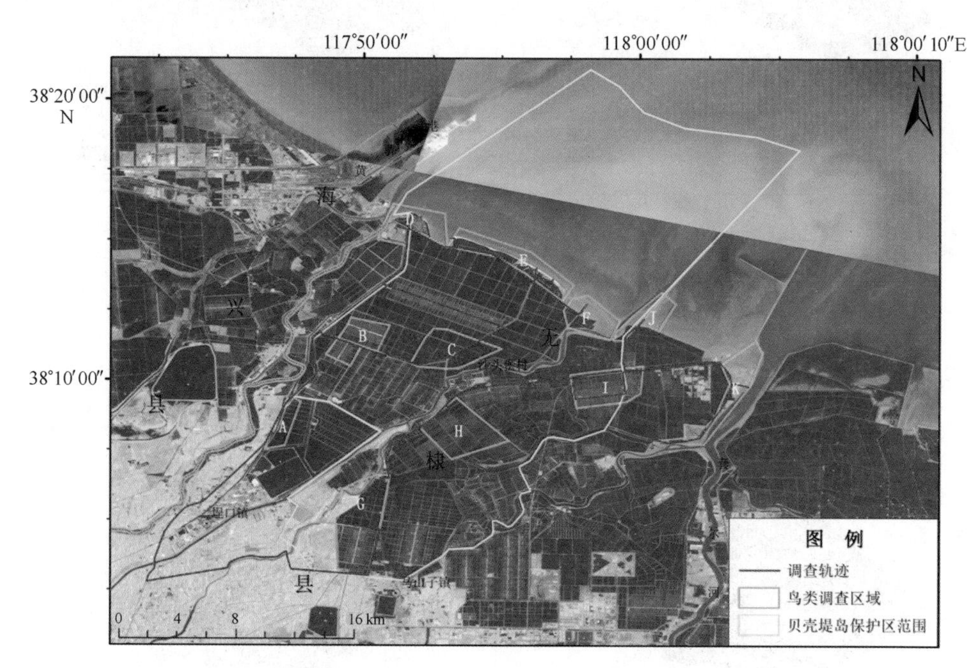

图2.4 调查区域及路线示意图

1) 自然保护区鸟类资源组成

自1999年自然保护区建立以来，不断有鸟类新种类被发现。根据2016年春季、秋季两次鸟类调查记录数据，滨州贝壳堤岛与湿地国家级自然保护区共记录鸟类61种，隶属12目22科。有关自然保护区分布的鸟类物种名称、保护级别、候鸟保护协定及居留型等见附表5。

鸟类是自然生态系统的重要成员，对生态系统的稳定和协调发展起着重要的作用。很多鸟类对于抑制有害生物暴发，协调生态系统稳定和平衡有重要生态学意义。滨州贝壳堤岛与湿地国家级自然保护区内不同类型的湿地生态系统支持和庇护着众多迁飞而来的鸟类在此停歇、繁殖。自然保护区内绝大部分鸟类属于水鸟范畴，数量较多的水鸟是鸻鹬类。其中，非雀形目鸟类 11 目 16 科 50 种，占全部鸟类物种数的 81.97%；雀形目鸟类 6 科 11 种，占鸟类物种数的 18.03%（表 2.2）。自然保护区共记录到 24 种旅鸟（占比 39.34%）、19 种夏候鸟（31.15%）、14 种留鸟（22.95%）及 4 种冬候鸟（6.56%）（表 2.2）。旅鸟和夏候鸟（70.49%）构成自然保护区鸟类的主体，体现了自然保护区鸟类物种组成上明显的季节性，以及自然保护区在候鸟迁飞过程中的地理重要性。

表 2.2　自然保护区鸟类目、科、种的组成

目	科	种	占总物种数百分比（%）
鹈鹕目	1	1	1.64
䴙形目	1	1	1.64
鹳形目	2	6	9.84
雁形目	1	3	4.92
鸻形目	4	26	42.62
鸥形目	2	8	13.11
鹤形目	1	1	1.64
雀形目	6	11	18.03
鸽形目	1	1	1.64
鸡形目	1	1	1.64
隼形目	1	1	1.64
佛法僧目	1	1	1.64
合计	22	61	100

在自然保护区内，春季鸟类调查共记录到水鸟 16 238 只，以鸻鹬类（14 462 只，占比 89.06%）为主；秋季鸟类调查共记录到水鸟 28 005

只，以鸻鹬类（13 825 只，占比 49.37%）、鸥类（12 638 只，占比 45.13%）为主；此外，在自然保护区周边水域发现大规模的翘鼻麻鸭种群，单个种群数量超过 10 000 只。自然保护区内 IUCN 易危物种黑嘴鸥种群数量达到 455 只，约占全球种群数量的 5.35%（图 2.5）。按照湿地公约（Ramsar Convention）国际重要湿地、中国滨海湿地水鸟保护优先区划分标准，滨州贝壳堤岛与湿地国家级自然保护区属于以上湿地优先保护单元范畴。

图 2.5　黑嘴鸥种群

2）自然保护区重点保护鸟类物种

滨州贝壳堤岛与湿地国家级自然保护区是重要的鸟类多样性分布区，是鸟类迁徙的重要驿站、越冬地和繁殖地，具有重要保护价值。在记录的 61 种鸟类中，属于 IUCN 红色名录濒危等级的鸟类有 2 种（东方白鹳、大杓鹬），易危等级的鸟类有 1 种（黑嘴鸥）；属于《濒危野生动植物物种国际贸易公约》（CITES）附录Ⅰ的鸟类有 1 种（东方白鹳），附录Ⅱ的鸟类有 1 种（红隼）；属于国家Ⅰ级重点保护的鸟类有 1 种（东方白鹳），国家Ⅱ级重点保护的鸟类有2种（小杓鹬、红隼）；属于山东省重点保护鸟类有12种。此外，有23种鸟类被列入《中华人民共和国政府和澳大利亚政府保护候鸟及其栖息环境协定》；42种被列入《中华人民共和国政府和日本国政府保护候鸟及其栖息环境协定》；18种被列入《中美迁徙鸟类名录》。在保护区记录到的61种鸟类中，属于“三有保护鸟类”（《国家保护的、有益的或者有重要经济、科学研究价值的陆生野生动物名录》）的物种多达59种，占总数的96.72%（附表5）。

主要保护鸟类情况如下：

（1）东方白鹳（*Ciconia boyciana*）

东方白鹳属于IUCN濒危物种、CITES附录Ⅰ物种、亚太地区受威胁水鸟物种、中日协定保护候鸟、《中国濒危动物红皮书》濒危物种、国家Ⅰ级重点保护鸟类。体型较大的白色鹳，两翼及厚直的嘴黑色，腿红色，眼周裸露皮肤粉红色。飞行时黑色初级、次级飞羽与白色体羽成强烈对比（图2.6）。繁殖于中国东北，栖息于开阔原野及森林。越冬在长江下游的湖泊，偶有鸟至陕西南部、西南地区及香港越冬。夏候鸟偶见于内蒙古西部鄂尔多斯高原。滨州贝壳堤岛与湿地国家级自然保护区是其迁飞路线上的重要驿站，常与鹭类、鸻鹬类混群于滩涂栖息。

图2.6　东方白鹳

（2）黑嘴鸥（*Larus saundersi*）

黑嘴鸥属于IUCN易危物种、亚太地区受威胁水鸟物种、《中国濒危动物红皮书》易危物种。喙黑色，脚红色。羽色与红嘴鸥相似，但喙明显粗短且黑色（图2.7），停栖时黑色飞羽部分具明显白斑，繁殖羽头部为黑色且眼后星月形白斑更明显。黑嘴鸥在中国繁殖于辽宁南部盘锦、河北、山东渤海湾沿岸以及江苏盐城沿海等东部沿海地区，滨州贝壳堤岛与湿地国家级自然保护区是其主要繁殖地之一；越冬于长江下游，福建、广东、香港、台湾和海南鸟。迁徙期间经过吉林省。

图2.7　黑嘴鸥

（3）大杓鹬（*Numenius madagascariensis*）

大杓鹬属于IUCN濒危物种、亚太地区受威胁水鸟物种、中澳协定保护候鸟、中日协定保护候鸟、中美协定保护候鸟。喙甚长而下弯，喙长为头部长度3倍以上；腰黄褐色。与相似种白腰杓鹬相比，体色较深，下体沾黄而非纯白（图2.8），飞行时可见腰黄褐色而非白色。大杓鹬在中国繁殖从黑龙江、吉林、辽宁，一直到河北和内蒙古东部；越冬于中国台湾。迁徙期间见于辽宁、河北、山东、西至甘肃，南至广东和香港。

图 2.8 大杓鹬

2.3 社会经济状况

2.3.1 行政区域

滨州贝壳堤岛与湿地国家级自然保护区管理局所在地位于山东省滨州市无棣县，自然保护区所属辖区范围包括：无棣县埕口镇和北海经济开发区的沿海区域。

2.3.2 人口数量与民族组成

自然保护区核心区内只有汪子岛村，人口数为 198 人。为更好地保护核心区的贝壳堤岛和湿地，禁止渔民进入核心区汪子岛，渔民可通过漳卫新河及马颊河出海进行捕捞作业。自然保护区实验区的沙头堡村，人口数为 1 346 人。居民多以捕鱼、对虾养殖为主，也有部分村民从事禽类养殖。自然保护区实验区内南缘有马山子村和下泊头村的部分居民分布，人口数量未统计、民族不详。

自然保护区内有 10 家企业，企业人口总数 1 963 人；其中，流动人口数 1 743 人，固定人口数 220 人。核心区内无企业。缓冲区内有 3 家企业，企业人口总数 793 人，均为流动人口。实验区内有 7 家企业，企业人口总数 1 170 人，其中流动人口数 950 人，固定人口数 220 人。

2.3.3 海岛

自然保护区内现有17个海岛，其中，有居民海岛2个、无居民海岛15个，15个隶属于无棣县、2个隶属于滨州北海经济开发区。自然保护区内海岛名录见附表6。

2.3.4 农业生产

自然保护区内的汪子岛和沙头堡村居民主要从事捕鱼、养殖及务工，没有种植业，约有470 hm^2 滩涂养殖水域。

2.3.5 工业生产

自然保护区内有10家企业，2007年总产值3.96亿元。其中，核心区1家企业，主要为盐田蒸发池；缓冲区内的3家企业主要从事海水蒸发晒盐及盐化工，2007年企业总产值0.60亿元；实验区内的7家企业主要养殖、晒盐、盐化工等，2007年企业总产值3.36亿元。

2.3.6 公路、航道等交通状况

自然保护区国道三级路（孙岔路和疏港路）36 km，其中疏港路中的一段（长约5 km）为缓冲区和实验区的分界线，其余31 km均位于实验区内（6和7）。新疏港路（S237）部分路段位于自然保护区的实验区，长约7 km，是滨州港联系外界交通运输的主干道。

自然保护区内没有正规航道，只有渔船和小型船舶出入自然保护区东部缓冲区和实验区边界附近的马颊河，船舶主要从自然保护区以西的漳卫新河及自然保护区以东的套尔河出入。

2.3.7 海域权属及功能区划

自然保护区的海域范围，已经根据《中华人民共和国海域使用管理法》的有关规定，对部分重点海域申请办理了公益性用海《海域使用权证书》，管理使用权归滨州贝壳堤岛与湿地国家级自然保护区管理局。各

功能区的海域权属界线清楚，隶属关系明确，不存在海域使用权属纠纷。

自然保护区海域属于海洋保护区用海类型，自然保护区及周边海域功能区划、使用现状及规划见附图 5~附图 7。

2.4 资源利用现状

使用 2015 年 9 月 26 日 1.5 m 高分融合遥感影像及历史影像数据，结合 2016 年 4 月、9 月实地勘测数据，通过对比分析，基本摸清了自然保护区资源利用的现状。自然保护区内现有养殖场、盐田（晒水池和结晶池）、农业用地、居民点、道路、巡护便道、观测台、工厂、工厂化循环水养殖等 9 种资源利用类型，各功能分区资源利用的类型也不尽相同，详见表 2.3。

表 2.3 各功能分区资源利用现状

功能分区	类型	数量	面积（hm^2）	备注
核心区	居民点	1	2.0	保护区成立前已有
	道路	1	31	巡护道路
	观测台	3	0.024	巡护瞭望
	巡护便道	2	0.07	巡护道路
	盐田	2	2 984.49	历史遗留问题
	养殖场	4	879.13	历史遗留问题
缓冲区	道路	1	34.7	巡护道路（生产道路）
	观测台	1	0.012	巡护瞭望
	巡护便道	1	0.034	巡护道路
	盐田	2	5 599.81	历史遗留问题
	养殖场	2	937.97	历史遗留问题
	工厂	1	4.02	盐化工
实验区	居民点	6	30.1	保护区成立之前建设
	道路	2	56.6	新、老疏港路
	农业用地	3	1 521.8	部分为 2000 年后开垦
	盐田	4	11 493.73	历史遗留问题
	养殖场	2	874.74	历史遗留问题
	工厂	2	3.18	历史遗留问题
	工厂化循环水养殖	1	56	规划面积 100 hm^2

其中，养殖场和盐田是自然保护区资源利用的主要类型，且大部分为自然保护区成立前既已存在，为历史遗留问题，这也是影响自然保护区管理成效的主要原因。

农业用地 3 处（部分为 2000 年后开垦），面积约为 1 521.8 hm^2，归属黄瓜岭村和下泊头村集体所有，主要种植小麦、玉米、棉花等农作物；居民点 7 处，面积 32.1 hm^2，部分为近期建设如下泊头村小学；道路有 4 处，2 处位于核心区为自然保护区巡护道路，2 处为新、老疏港路；巡护便道、观测台为自然保护区日常巡护道路及管护设施。

北海工厂化循环水养殖示范工程 1 处，建成区面积 56 hm^2，位于自然保护区实验区的南缘，行政上隶属滨州北海经济开发区管委会管辖。该项目为产业转型现代渔业项目之一，一期项目总投资 2.45 亿元，规划总占地面积 100 hm^2。

2.5 保护现状及评价

2.5.1 主要保护对象现状及评价

自然保护区的主要保护对象是：贝壳堤岛、湿地生态系统。

2.5.1.1 贝壳堤岛现状及评价

滨州贝壳堤岛与湿地国家级自然保护区内现存贝壳堤岛主要由 4 部分组成，面积共计 108.9 hm^2（图 2.9）。1979 年、1990 年、2000 年、2010 年贝壳堤岛分布面积监测结果分别为：137.3 hm^2、123.8 hm^2、116.2 hm^2、109.8 hm^2。通过比对 4 个时期的面积发现，贝壳堤岛面积基本保持稳定，保护成效比较明显。

2.5.1.2 湿地生态系统现状及评价

贝类资源是自然保护区湿地生态系统的有机组成部分，在整个系统内起着重要作用。自然保护区北部浅海海域属典型淤泥质滩涂，贝类资源十分丰富，主要有文蛤、脉红螺、毛蚶、竹蛏等 20 种（附表 3）。滨

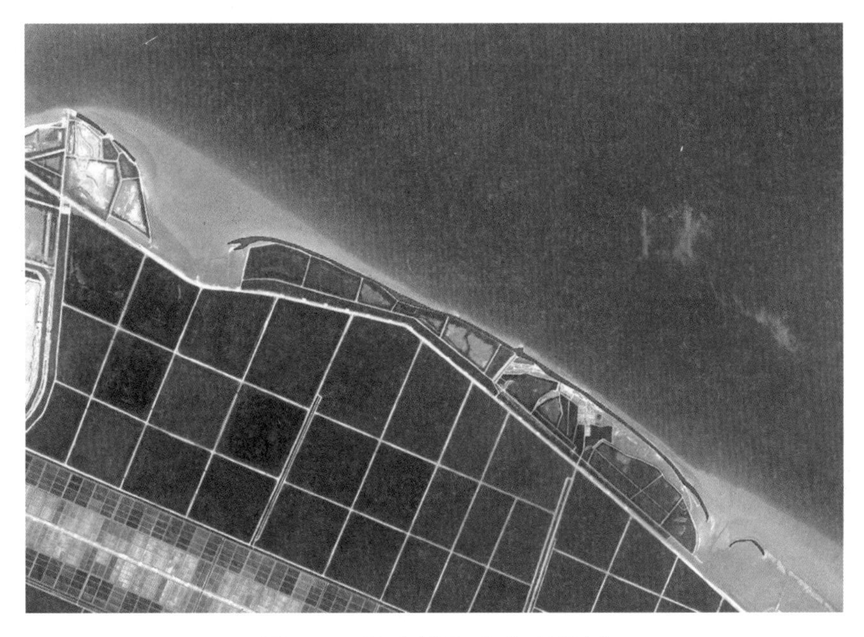

图 2.9 贝壳堤岛分布现状图

州海洋环境监测站于2016年5月份和8月份开展了两次调查与评价工作。

1）2016年5月份调查结果及评价

2016年5月10—17日，开展了一次滨州沿海滩涂贝类资源调查，该航次设3个断面，分别为大口河入海口、东营刁口沿海、滨州港挡浪坝西侧海域断面，每个断面调查-5 m、-2 m、低潮区、中潮区和高潮区5个站位（图2.10）。

通过对本航次调查3个断面各站位贝类资源生物量及丰度分布的定性和定量分析，共鉴定出滩涂贝类15种，其中在1号、2号断面出现的种类均为11种，3号断面出现10种；3个断面均出现的种类有6种，分别为四角蛤蜊、扁玉螺、朝鲜笋螺、文蛤、秀丽织纹螺和纵肋织纹螺，在13个站位均出现的种类仅有1种，为扁玉螺。在整个群落总栖息密度中所占比例高的物种，在一定程度上就可反映出群落的特征。因此，在群落总栖息密度中所占比例偏高的物种称为特征种，在1号断面以泥螺、扁玉螺、秀丽织纹螺、纵肋织纹螺、红带织纹螺为特征种；在2号断面以四角蛤蜊、扁玉螺、文蛤、秀丽织纹

图 2.10　滨州沿海滩涂贝类资源调查站位分布图

1-1~1-5 为大口河入海口断面（1 号断面）的 5 个站位，2-1~2-5 为滨州港挡浪坝西侧海域断面（2 号断面）的 5 个站位，3-1~3-3 为东营刁口沿海断面（3 号断面）的 3 个站位，由于 3 号断面海洋功能规划，-2 m 、-5 m 2 个站位不能调查，因此，只调查了 3 个站位

螺、纵肋织纹螺、蓝蛤为特征种；在 3 号断面以扁玉螺、纵肋织纹螺、文蛤、竹蛏为特征种。

3 个断面潮间带和浅海区域滩涂贝类丰度和生物量分析可得：2 号断面潮间带滩涂贝类的丰度和生物量最大，分别为 9 192×10^{-4}个/m^2、22 849×10^{-4} g/m^2；3 号断面潮间带滩涂贝类的丰度和生物量最小，分别为 325×10^{-4}个/m^2、1 274×10^{-4}g/m^2。在浅海区域，1 号断面滩涂贝类的丰度最大，为 2 314×10^{-4}个/m^2；2 号断面滩涂贝类的丰度最小，为 684×10^{-4}个/m^2；2 号断面滩涂贝类的生物量最大，为 3 837×10^{-4}g/m^2。

2）2016 年 8 月份调查结果及评价

2016 年 8 月 10—15 日，开展了第二次滨州沿海滩涂贝类资源调查，该航次设 3 个断面，分别为大口河入海口、旺子岛断面、滨州港挡浪坝西侧海域断面，每个断面调查-5 m、-2 m、低潮区、中潮区和高潮区 5

个站位（图 2.11）。

图 2.11　调查站位分布图

1-1~1-5 为大口河入海口断面（1 号断面）的 5 个站位，2-1~2-5 为旺子岛海域断面（2 号断面）的 5 个站位，3-1~3-5 为滨州港挡浪坝西侧海域断面（3 号断面）的 5 个站位

通过定性和定量分析所得，共鉴定出滩涂贝类 15 种，其中在 1 号断面出现的种类为 10 种，2 号、3 号断面出现 11 种；3 个断面均出现的种类有 5 种，分别为扁玉螺、朝鲜笋螺、文蛤、秀丽织纹螺和红带织纹螺。在整个群落总栖息密度中所占比例高的物种，在一定程度上就可反映出群落的特征。因此，在群落总栖息密度中所占比例偏高的物种称为特征种，在 1 号断面以纵肋织纹螺、红带织纹螺、朝鲜笋螺为特征种；在 2 号断面以秀丽织纹螺、四角蛤蜊、蓝蛤为特征种；在 3 号断面以四角蛤蜊、秀丽织纹螺、蓝蛤为特征种。

3 个断面潮间带和浅海区域滩涂贝类丰度和生物量分析可得：3 号断面潮间带滩涂贝类的丰度和生物量最大，分别为 $2\ 787\times10^{-4}$ 个/m^2、$2\ 889\times10^{-4}$ g/m^2；1 号断面潮间带滩涂贝类的丰度和生物量最小，分别为 878×10^{-4} 个/m^2、239×10^{-4} g/m^2。在浅海区域，1 号断面滩涂贝类的丰度和生物量最大，分别为 $1\ 318\times10^{-4}$ 个/m^2、$1\ 825\times10^{-4}$ g/m^2 最大；3

号断面滩涂贝类的丰度和生物量最小，分别为 100×10^{-4} 个/m^2、$293\times10^{-4}g/m^2$。

3）两航次调查对比分析评价

8 月份的生物资源量与 5 月份的比较，8 月份的资源量明显减少，其原因主要有泄洪排水和排污，造成盐度降低，海水污染，造成贝类死亡；加之高温天气，温度升高，滩涂贝类下潜深度增大，存在没有捕捞上来的可能，导致 8 月份的滩涂贝类资源较少。

2.5.2 生态环境现状及评价

滨州市海洋环境监测站于 2015 年 8 月 14 日和 9 月 5 日对自然保护区进行了监测和测量，共设 11 个站位，核心区 6 个站位，缓冲区 2 个站位，对照站位 3 个（图 2.12）。

图 2.12 生态环境调查站位分布图

2.5.2.1 监测项目及分析方法

水质、沉积物监测项目及分析方法见表2.4。

表2.4 水质、沉积物监测项目与分析方法

序号	分析项目	分析方法	序号	分析项目	分析方法
01	透明度	透明度盘法	08	硝酸盐—氮	锌镉还原法
02	pH	pH计法	09	氨—氮	次溴酸盐氧化法
03	盐度	盐度计法	10	叶绿素a	分光光度法
04	溶解氧	碘量法	11	硫化物（沉积物）	碘量法
05	化学需氧量	碱性高锰酸钾法	12	有机质（沉积物）	重铬酸钾氧化法
06	磷酸盐	磷钼蓝分光光度法	13	石油类（沉积物）	紫外分光光度法
07	亚硝酸盐—氮	盐酸萘乙二胺比色法			

2.5.2.2 监测结果评价

水质评价采用GB 3097—1997的一类海水水质标准。监测结果表明：

1）核心区

（1）5月，6个监测站位pH、COD_{Mn}、溶解氧、活性磷酸盐、石油类均符合一类海水标准；无机氮均超出一类海水水质标准，站位超标率100%，最高站位值是标准值的1.95倍；叶绿素a含量正常。

8月，6个监测站位溶解氧、活性磷酸盐、石油类均符合一类海水标准；pH在站位47685、47697、48405、48427较低，站位超标率66.7%；COD_{Mn}在站位47685、47697超出一类标准，站位超标率33.3%，最高值为标准值的1.33倍；无机氮均超出一类海水水质标准，站位超标率100%，最高站位值是标准值的4.14倍；叶绿素a含量正常。

（2）沉积物各项监测要素在5月、8月均符合一类沉积物标准，对自然保护区内贝类的综合潜在风险较低。

2）缓冲区

（1）5月，保护区缓冲区2个监测站位pH、COD_{Mn}、溶解氧、活性磷酸盐、石油类均符合一类海水标准；无机氮均超出一类海水水质标准，站位超标率100%，最大值是标准值的2.36倍；叶绿素a含量正常。

8月，保护区缓冲区2个监测站位pH、COD_{Mn}、溶解氧、活性磷酸盐、石油类均符合一类海水标准；无机氮均超出一类海水水质标准，站位超标率100%，最大值是标准值的1.90倍；叶绿素a含量正常。

（2）沉积物各项监测要素在5月、8月均符合一类沉积物标准，对自然保护区内底栖生物的综合潜在风险较低。

3）对照站位

（1）5月，自然保护区3个对照站位中，pH、COD_{Mn}、溶解氧、活性磷酸盐、石油类均符合一类海水标准；无机氮超出一类海水水质标准站位超标率100%，最大值是标准值的2.13倍；叶绿素a含量正常。

8月，3个对照站位COD_{Mn}、溶解氧、活性磷酸盐、石油类均符合一类海水标准；pH在一个站位较低，站位超标率33.3%；无机氮均超出一类海水水质标准，站位超标率100%，最大值是标准值的3.90倍；叶绿素a含量正常。

（2）沉积物各项监测要素在5月、8月均符合一类沉积物标准，对自然保护区内底栖生物的综合潜在风险较低。

浮游植物在站位47 678生物多样性指数为1.518，均匀度指数为0.439，优势种为威氏圆筛藻、三角角藻；在站位48435生物多样性指数为2.274，均匀度指数为0.717，优势种为中肋骨条藻、中华盒型藻。

小型浮游动物在站位47678生物多样性指数为2.108，均匀度指数为0.815，优势种为小拟哲水蚤、双刺纺锤水蚤；在站位48435生物多样性指数为1.702，均匀度指数为0.733，优势种为小拟哲水蚤、双刺纺锤水蚤。

底栖生物主要为棘刺锚参、滩栖阳遂足，生物密度平均为2.64个/m^2，生物量平均为11.01 g/m^2。潮间带生物调查结果表明，自然保护区内高潮区生物主要以彩虹明樱蛤和泥螺为主，生物量为56.96 g/m^2；中潮区以泥螺和彩虹明樱蛤为主，生物量为229.28 g/m^2；低潮区则是以四角蛤蜊、文蛤为主，生物量为 948.65 g/m²。潮间带平均生物密度为 50.49 个/m²。

总体上滨州贝壳堤岛与湿地国家级自然保护区水质状况一般，水质不符合海洋功能区对自然保护区水质要求，主要超标因子为无机氮，但适宜的营养盐水平有利于保护区内浮游植物的生长，进而促进成砂贝类的生长发育。

2.5.2.3 现状与历史数据比较分析

滨州贝壳堤岛与湿地国家级自然保护区自 2010 年在区内开展生态环境监测与调查工作，调查方法依照《海洋调查规范》（GB/T 12763—2007）和《海洋监测规范》（GB 17378.4—2007）中的有关规定进行。2010—2014 年的监测及调查数据显示，2010 年、2011 年、2013 年区内海水水质为三类水质，2014 年为四类水质，到 2015 年为劣四类水质，海水水质有逐年恶化的趋势，主要超标因子为活性磷酸盐及无机氮；2010—2014 年，区内沉积物环境保持良好，均符合国家级自然保护区沉积物环境质量一类的要求。2010—2014 年水质、沉积物环境质量见表 2.5 和表 2.6。

表 2.5 海水水质评价表（2010—2014 年）

年度	水质		超标因子	超标倍数
	检测项目	质量等级		
2010 年	pH、溶解氧、化学耗氧量、活性磷酸盐、无机氮、石油类	三类	活性磷酸盐	2.00
			无机氮	1.36
2011 年	pH、溶解氧、化学耗氧量、活性磷酸盐、无机氮、石油类	三类	活性磷酸盐	1.87
			无机氮	1.75
2012 年	pH、溶解氧、化学耗氧量、活性磷酸盐、无机氮、石油类、铜、锌、铬、汞、砷	劣四类	活性磷酸盐	2.33
			无机氮	4.07
2013 年	pH、溶解氧、化学耗氧量、活性磷酸盐、无机氮、石油类	三类	活性磷酸盐	2.67
			无机氮	1.50
2014 年	pH、溶解氧、化学耗氧量、活性磷酸盐、无机氮、石油类	四类	无机氮	1.99

表 2.6　沉积物质量评价表（2010—2014 年）

年度	沉积物质量
2010 年	一类
2011 年	一类
2012 年	一类
2013 年	一类
2014 年	一类

2.5.3　保护价值评价

滨州贝壳堤岛与湿地是世界上贝壳堤岛保存最完整、唯一新老并存的贝壳堤岛，是研究黄河变迁、海岸线变化、贝壳堤岛形成等环境演变以及滨海湿地类型的重要基地。沿海岸分布的第二列贝壳堤岛，至今仍在继续生长发育。典型的贝壳滩脊—湿地是山东省、我国乃至世界上珍贵的海洋自然遗产。主要保护对象具有以下特点。

2.5.3.1　典型性

1）贝壳堤岛

自然保护区内的两列古贝壳堤岛，形成于全新世中晚期，距今已有 5 000~2 000 多年的历史。第一列位于自然保护区的南缘，埋于地下 0.5~1.5 m，层深 2.5~5.0 m；第二列属敞开裸露型，位于北部海岸，较第一列年轻，目前贝壳堤岛仍处在增生发育过程中。贝壳堤岛层理结构清晰分明，贝壳碎屑含量高，杂质少，是地质研究的重要标本，在科研、教学中具有重要的价值。

2）滨海湿地

自然保护区内湿地属环渤海湾湿地的一部分，是典型的滨海湿地，分布有大面积的淤泥质滩涂。滨州滨海湿地的形成与黄河入海流路的变迁有关，黄河在该区域入海时，不断造就了大片的湿地，黄河移走，使湿地面积稳定下来。

滨州贝壳堤岛是世界罕见、我国少有、我省仅存的海洋自然遗产，其周围的滨海湿地是贝壳堤岛的伴生相和依托相，两者组成典型的贝壳滩脊—湿地，是我国温暖带保存较好的湿地生态系统，是东北亚内陆和环西太平洋鸟类迁徙重要的“中转站”、越冬地和繁殖栖息地，是世界范围内典型的贝壳滩脊—湿地海岸类型，其生态系统极具代表性，物种多样性丰富，生态复杂，湿地资源特点明显。

2.5.3.2 稀有性

自然保护区内分布的两列古贝壳堤，形成于全新世中晚期，一条埋于地下，一条裸露于海岸，两堤都与河北省的贝壳堤相连，组成规模宏大、世界罕见、国内独有的贝壳滩脊（Chenier）海岸。目前世界上已发现的贝壳堤岛比较稀少，规模较大的有三条，除滨州贝壳堤岛外，其余两条均在国外，分别是美国圣路易斯安娜州贝壳堤和南美苏里南贝壳堤。国内外已发现的贝壳堤岛大多远离海岸，已停止生长发育，而滨州贝壳堤岛是新老贝壳堤并存，尚处于生长发育过程中。典型的贝壳滩脊—湿地生态系统，是我省、我国乃至世界上罕见的珍贵海洋自然遗产。

2.5.3.3 自然性

滨州贝壳堤岛与湿地国家级自然保护区位于黄河三角洲北缘西段，渤海湾西南岸，入岛交通不发达，保存了较为完整的贝壳堤岛。自然保护区潮上湿地耕种效益差，仅可用于海水养殖和制盐。无棣县人民政府、北海新区管委会和有关部门对沿海湿地的保护和管理极为重视，对滨州滨海湿地进行了较好的保护。自然保护区内的贝壳堤岛与滨海湿地自然景观及珍稀野生动植物资源依然保持自然性。

2.5.3.4 完整性

自然保护区的贝壳堤岛与湿地是黄河入海口发生变化所遗留的海洋地质遗存，贝壳堤岛附近人迹罕至。自然保护区内主要为养殖业和盐业。核心区和缓冲区内没有污染企业；实验区只有小型的水产品加工和制溴企业，没有大型污染企业。自然保护区具有较好的完整性。

2.5.3.5 脆弱性

滨州贝壳堤岛与湿地有着五千年的历史。贝壳堤岛形成过程缓慢，时间久远，经历几千年的积累才有今天的规模；在生产力水平低下的时代，滨州贝壳堤岛与湿地的潜在价值很难被发现，以原始状态存留至今。若保护与利用不能有机地统一与结合，其利用自然资源的过程，就是破坏自然资源和自然生态环境的过程，几千年形成的珍贵资源就将毁于一旦，显示出贝壳滩脊—湿地的脆弱性。

2.5.3.6 面积适宜性

滨州贝壳堤岛与湿地国家级自然保护区包括第二列贝壳堤岛、滨海湿地和一部分第一列古贝壳堤岛，面积 43 541.54 hm^2，能够满足对第二列贝壳堤岛和湿地进行保护的需要。其中，核心区面积 15 547.28 hm^2，占总面积的 35.7%，核心区包括了沿海岸分布的全部贝壳堤岛以及潮间、潮上湿地，便于对核心区的保护。

2.5.4 生态服务功能和社会发展功能的定位及评价

2.5.4.1 生态服务功能和社会发展功能

滨州贝壳堤岛与湿地国家级自然保护区的生态服务功能主要是改善日益恶化的近海海域海洋生态环境，维持海洋生态平衡，保护贝壳堤岛的物源和物源地不再遭受人为破坏，减少和防止自然破坏，并逐步恢复和促进贝壳堤岛的持续生长发育；维护滨海湿地的生态环境和物种多样性，改善湿地质量，扩大生物种群和数量。

在保护和恢复生态服务功能的同时，可以为社会发展服务，包括经济开发建设、环境保护、科学研究等。做到社会发展与环境保护同步，相互促进。

2.5.4.2 定位及评价

通过防止破坏、杜绝污染等保护管理措施，逐步改善近海和滨海湿地生态环境，达到生态平衡，提高自然保护区的生态服务功能；保护贝壳堤岛的物源和物源地，增殖贝类资源，促进贝壳堤岛的持续生长发育，确保贝壳堤岛的完整性，完善保存珍贵的海洋自然遗迹；鸟类保护。保持良好的生态环境，达到人与自然的和谐以及自然资源和环境的可持续利用。

2.5.5 有效管理评价

自1999年成立县级海洋古贝壳堤自然保护区时，无棣县政府就设置了海洋古贝壳堤自然保护区管理站。建立省级自然保护区以后，设立了正科级的自然保护区管理办公室，行业归口海洋主管部门，由海洋部门行使对贝壳堤岛与湿地系统自然保护区的管理权。2004年2月17日，经山东省人民政府批准更名为滨州贝壳堤岛与湿地省级自然保护区。同时，将原管理机构变更为滨州贝壳堤岛与湿地省级自然保护区管理局。2006年2月11日，国务院国办发〔2006〕9号文正式批准建立滨州贝壳堤岛与湿地国家级自然保护区，将原管理机构变更为滨州贝壳堤岛与湿地国家级自然保护区管理局。2011年3月28日，国务院国办函〔2011〕22号文批准滨州贝壳堤岛与湿地国家级自然保护区的调整。

目前自然保护区日常管理费用开支主要来源于两个渠道：一是山东省环保厅、财政厅下拨的自然保护区日常管理经费；二是无棣县财政下拨的事业费。

尽管自然保护区的建设刚刚起步，但自然保护区管理机构克服困难，采取一系列切实可行的管理措施，用良好的软件环境建设，弥补硬件上的不足，为自然保护区的进一步发展奠定了良好的基础。

2.5.5.1 积极开展一系列科普宣传和法制教育活动

一是举办了可持续利用和管理生态观光及生态养殖的培训班，提高管理能力；二是采取各种形式深入到自然保护区周围的村庄、企业、学校，宣讲《中华人民共和国海洋环境保护法》《中华人民共和国自然保护区条例》等法律法规，宣传保护自然资源与经济社会可持续发展的关系，通过一系列宣传教育活动，提高了保护区内居民和周边地区居民保护资源、爱护环境的意识，使之能够主动配合自然保护区管理，并积极参与自然保护区的建设和保护工作。

2.5.5.2 成立社区共管志愿大队

加大执法力度，严厉打击偷捕滩涂贝类、盗挖贝砂、偷猎野生动物和破坏湿地生态环境的行为。对重点地区、重点保护对象加强巡护，有效地保护了贝壳堤岛与湿地系统的生态和资源。

2.5.5.3 加大海洋环境监测工作力度

对海水水质、沉积物质量进行监测，确保近海海域海洋环境的质量，坚决查处陆源污染物污染海洋环境的事件，防治、减少污染物随河流进入海域，促进浅海滩涂贝类的生长繁育，对保护贝壳堤岛物源起到积极作用。

2.5.5.4 开展科研活动

自然保护区管理机构与国家海洋环境监测中心、中国海洋大学、青岛海洋地质工程勘察院等教学科研单位合作，开展了自然保护区资源与环境调查，基本摸清了自然保护区的本底情况，有关学科的专家教授先后完成了《无棣贝壳堤岛与湿地系统省级自然保护区调查报告》《无棣贝壳堤岛与湿地系统省级自然保护区总体规划》《滨州贝壳堤岛与湿地国家级自然保护区科学考察报告》《滨州贝壳堤岛与湿地国家级自然保护区总体规划（2008—2017 年）》《滨州贝壳堤岛与湿地国家级自然保护区有害生物调查报告》《滨州贝壳堤岛与湿地国家级自然保护区鸟类资源调查报告》，为自然保护区的科学管理提供了科学的依据。

滨州贝壳堤岛与湿地国家级自然保护区建立以来，为了防止自然保护区岸滩侵蚀，制订科学合理的保护措施，自然保护区管理局委托中国海洋大学研究 2004 年以来自然保护区岸滩加速侵蚀的原因，研究并提出了防治海岸侵蚀的工程措施。

由于管理体系健全，管理措施得当，制定了依法治区、依法管区的正确方针，使自然保护区的各项工作逐渐进入科学化、法制化的轨道，保护效果显著，彻底扼制住了盗挖贝砂的现象，使这一珍贵海洋自然遗产得到保护，区内狩猎活动被取缔，野生动物特别是鸟类得以繁衍生息，湿地资源、生态环境得到改善和保护。

2.5.6　社会经济效益评价

（1）通过对自然保护区的科学管护，避免了贝壳堤岛的人为破坏，保持了生态系统的完整性，对保护海洋自然遗迹以及研究海洋环境的演变有着积极的作用。

（2）滨海湿地是一种重要的湿地类型，具有独特的自然景观，是由盐生草甸、沼泽、滩涂、海域等多种生态环境组成的天然湿地生态系统，是珍稀鸟类理想的觅食、栖息、繁衍和越冬的场所，也是多种珍稀鸟类资源的避难所。可以充分利用自然保护区内的植物资源，研究盐沼植物的耐盐性，为盐沼植被的发育提供科学依据。

（3）有利于提高人们的环境保护意识，自觉保护自然资源，为子孙后代保留一块永久性的珍贵自然遗迹和发展空间。

（4）为科学研究和国际学术交流与技术合作提供一个理想的场所，为生态科普观光和休闲度假提供一个优美的环境。

（5）通过调整产业结构，积极发展生态渔业，减少渔业生产对海洋环境的负面影响，促进海洋生物资源的恢复。

（6）拉动保护区周边地区经济的发展，特别是服务业的发展，不断提高社区的整体生活水平和经济效益。

2.6　自然保护区已开展项目

2.6.1　规范化建设项目

该项目总投资为172.85万元，全部投资均为自然保护区环保专项资金。项目实施期限为2012年10月—2014年12月。

项目主要内容包括四方面：一是进行管护设施建设，主要为在自然保护区各功能区和自然保护区边界安装界碑420块；在自然保护区关键位置设置警示牌30块，管护大门3处，配备巡护车辆、GPS、望远镜、数码相机、摄像机、录音笔等必需的巡护执法设备。二是进行科研监测设施建设，进行贝壳堤岛形态变化观测工程和自然保护区野生动植物观测工程，配备必要的测量、观测设备。三是进行宣传教育设施建设，建设贝壳堤岛与湿地展馆，安装自然保护区宣传牌。四是进行自然保护区监管站监管设施修缮。

实施规范化建设将为滨州贝壳堤岛与湿地国家级自然保护区的长久发展奠定坚实的基础，使自然保护区真正成为保护自然资源和生态环境、开展资源合理利用、提供科学研究基地，集环保教育、观光休闲为一体的最佳场所。

2.6.2 生态整治修复保护示范项目

滨州贝壳堤岛与湿地生态整治修复保护示范项目2012年经山东省财政厅、山东省海洋与渔业厅《关于下达2012年度省级海洋生态损失补偿费支出项目及预算指标的通知》（鲁财综指〔2012〕51号）批复立项，项目总投资400万元。其中：省级海域使用金300万元；地方配套100万元。

该项目位于无棣县北部沿海、埕口镇大口河堡以东，滨州贝壳堤岛与湿地国家级自然保护区海域内。项目建设期1年。

项目主要建设内容为：进行湿地恢复，恢复原始丘陵，恢复原生柽柳、碱蓬等；同时建设连岛路、围栏、木栈道等配套设施工程。该项目扩充了滨海湿地面积，使湿地生态环境退化趋势得到遏制，水生生物和鸟类的栖息空间得以扩展、栖息环境得以净化。整个贝壳堤岛与湿地生态系统将向着良性循环的方向跨越一大步。该示范项目的成功实施，对全省乃至全国同类型滨海湿地修复整治及保护起到了良好的示范带动作用。

2.6.3 海岸带生态整治修复保护项目（一期）

滨州贝壳堤岛与湿地国家级自然保护区海岸带生态整治修复保护项

目（一期）2013 年经山东省财政厅、山东省海洋与渔业厅《关于下达 2013 年度海洋生态损失补偿费省对下补助项目及预算指标的通知》（鲁财综指〔2013〕45 号）批复立项，项目总投资 1 593 万元，其中使用省级海域使用金 1 440 万元，地方财政配套资金 153 万元。项目建设期 24 个月。

该项目位于山东省滨州市无棣县北部沿海、高坨子河以东，马颊河入海口以西，滨州贝壳堤岛与湿地国家级自然保护区核心区海域内。

一期项目涉及汪子村、棘家堡子二岛、三岛、四岛、汪子岛及其附属岛屿，主要工程有生态整治修复、植被恢复、瞭望塔、管护便道、管护围栏及生态卫生间等项目。

项目建成后将有效恢复滨海滩涂湿地资源，实现生态资源开发利用与环境保护相协调，从而促进当地经济的发展和生态环境的优化，有利于社会稳定，并促使人民群众的保护行动逐步由消极被动转为积极主动，为广泛、深入、持久地开展环境保护打下良好的基础，使项目区真正成为自然保护、生态宣传的重要阵地。该示范项目的实施，将对全省乃至全国同类型滨海湿地修复整治及保护起到良好的示范带动作用。

2.6.4　海岸带生态整治修复保护项目（二期）

滨州贝壳堤岛与湿地国家级自然保护区海岸带生态整治修复保护项目（二期）于 2015 年 7 月 20 日经山东省财政厅、山东省海洋与渔业厅批复（鲁财综指〔2015〕22 号），该项目主要建设内容为：对高坨子至棘家堡子项目区的生态环境进行功能整治修复，重点开展受损海岸、海岛整治修复、海岛原生态恢复以及项目区连岛道路设施建设；加强滨州贝壳堤岛与湿地国家级自然保护区宣教能力建设，设置 2 230 m^2 宣教平台。工程总投资 1 790.31 万元，其中：申请省级海域使用金 1 500 万元；地方自筹 290.31 万元。项目建设期 24 个月。

项目建成后，将大大提高海域海洋生态环境质量，改善海域的生态系统状态，修复海域受损生态系统的结构和功能，提升海岸综合整治的基础能力，为更好地发展海洋经济奠定了基础。

2.6.5 规范化能力建设项目

2014年7月2日，滨州贝壳堤岛与湿地国家级自然保护区规范化能力建设项目被山东省海洋与渔业厅、山东省财政厅批复实施［《关于批复山东省渤海海洋生态修复及能力建设项目实施方案的通知》（鲁海渔〔2014〕39号）］。项目总投资1 470万元，在滨州贝壳堤岛与湿地国家级自然保护区内重点开展基础管护设施、监测监管设施、宣传教育设施、管理业务保障能力建设4个方面的工作。

2015年6月，根据山东省海洋与渔业厅、山东省财政厅《关于调整山东省渤海海洋保护区规范化能力建设项目实施方案的通知》（鲁海渔〔2015〕48号），结合自然保护区监管实际，在充分调查研究的基础上，对前期上报的《滨州贝壳堤岛与湿地国家级自然保护区规范化能力建设项目实施方案》中的部分项目进行了调整。8月，调整方案经省海洋与渔业厅、省财政厅批复（鲁海渔〔2015〕74号）。

调整后项目实施内容如下：①基础管护设施：海上界址浮标10个，道路指示牌20个，瞭望台1座，围栏10 km，防浪礁一宗，浮动码头一座；②监测监管设施：设置动态监控中心一个（含微波传输塔1座），建设海洋保护区建设与管理系统平台和视频会议系统；③宣传教育设施：公益宣传教育场所1处、室外宣传牌3个，室外宣传栏8个，自然保护区宣传网站一个；④管理业务保障能力：完成自然保护区贝壳堤岛整治修复保护实施计划；完成自然保护区总体规划编制。

通过本项目的实施，将全面提升和完善滨州贝壳堤岛与湿地国家级自然保护区的基础管护设施和监测监管设施，改善自然保护区的宣传教育设施，从而实现滨州贝壳堤岛与湿地国家级自然保护区达到国家级自然保护区规范化能力建设的要求。本项目的实施，将促进海洋保护区的生态监控能力和基础信息平台建设，为未来接入国家平台网络奠定基础条件。本项目的实施，将全面提高该自然保护区所辖海域重要海洋生态系统、重要海洋资源和环境、重要滨海旅游区和特殊地理区域的保护能力，从而促进全省的海洋生态文明建设。

2.6.6 宣教平台装修布展工程

该项目为“滨州贝壳堤岛与湿地国家级自然保护区海岸带生态整治修复保护项目（二期）”宣传展示平台的室外设施配套工程。2016年3月，经山东省海洋与渔业厅、山东省财政厅批复实施（鲁海渔〔2016〕52号）。项目核定总投资310万元，其中省级生态补偿费300万元，配套资金10万元。项目建设期1年。

其主要任务为：入口广场及停车场土方填埋、硬化、绿化、美化；宣教平台景观标志；配电室；地下管缆铺设；污水处理设施；地基边坡衬砌；进场道路硬化等。

2.7 主要制约因素

2.7.1 内部的自然因素

自然保护区内滨海湿地主要为耐盐植物群落发育，植物群落单一，植物群落的多样性程度不高；贝壳堤岛位于废弃黄河三角洲，易遭受海洋动力侵蚀。

2.7.2 内部的人为因素

由于在自然保护区内发展养殖业、盐业和盐化工改变了部分滨海湿地的自然性，需要通过限制产业开发，恢复湿地的自然状态。

2.7.3 外部的自然因素

2.7.2.1 有效降水少

自然保护区的南部区域由于多年天旱少雨，缺乏补水的有效途径，风、径流等携带泥沙的淤填，导致湿地水域面积不断缩小，生境退化，水生生物的物种和数量减少，滨海湿地生态质量受到严重影响，导致生物多样性指数呈下降的趋势，亟须采取必要的措施，修复湿地生态环境，恢复和强化滨海湿地的生态功能和作用。

2.7.2.2 风暴潮袭击

自然保护区地势平缓，海拔高度低，平均 1~6 m。贝壳堤岛的物质组成主要有贝壳砂、黏土质粉砂和粉砂质黏土，易受风暴潮等海洋动力因素的侵蚀而变迁，或肢解、或合并、或消失、或形状发生变化、或新生。据史志记载统计，自公元前 48 年至 1949 年间，滨州及周边风暴潮灾害有 96 次；中华人民共和国成立后至 2005 年的 56 年间，平均每年发生 1.5 次以上风暴潮，其中强和特强风暴潮 16 次，如 1958 年、1960 年、1964 年、1969 年、1972 年、1979 年、1980 年、1987 年、1992 年、1993 年、1997 年、2003 年的风暴潮。风暴潮是一种突发的、高强度的增水现象。当风暴潮发生时，沿岸水位比正常情况下高出 2~5 m。波浪和潮流作用的边界迅速向陆地扩展，岸线遭受侵蚀，贝壳堤岛遭受冲刷，潮滩结构破碎，沉积物质改变，植被遭受破坏，地貌形态改观。风暴潮时，往往使贝壳堤岛植被遭受冲刷，根部裸露，严重的可使地表植被全部毁坏死亡。同时，海水浸溢，大量的可溶性盐类被带至贝壳堤岛，形成高矿化度地下水，在蒸发作用下，盐类返回地表，形成轻重不同的盐碱土壤，植被难以生长。由于全球气候变化和温室效应，近 30 年来渤海海平面总体上升了 118 mm，2007 年山东沿海海平面比常年高 80 mm，保护区又属于构造沉降区，年均沉降约 3 mm。海平面的上升与构造沉降形成的海平面相对上升，潮位上升 10 cm，水陆界面变动可达 1 km，致使贝壳堤岛部分被淹，土壤盐渍化程度加重，植被萎缩。

2.7.2.3 海岸侵蚀

新石器时代至战国以前，黄河干流主要在河北黄骅以北大海。通过遥感卫星影像解析，套尔河以西包括无棣海岸，20 世纪 70 年代末至 80 年代初，处于缓慢侵蚀或基本稳定状态。但 1983 年以来，随着海岸带虾池、盐田等的相继建造，使海岸大幅度向海推进，大口河一带已向海推进了数千米，岸线直达贝壳残留岛一带，最大向海推进约 5 km；套尔河口一带、顺江沟以西岸线向海快速推进，海岸线最大推进可达 10 km。套尔河口以东岸段属蚀退海岸段，20 世纪 80 年代蚀退速率在 50～80 m/a 之间，1976 年至今平均蚀退速率为 50 m/a，现在蚀退率在 30～5 m/a 之间。海岸蚀退是贝壳堤岛生态系统受到自然因素破坏的重要原因。

2.7.4 外部的人为因素

滨州港和黄骅港的码头、引堤等建设及扩建，逐步形成环抱状合拢式海域使用分布，严重影响着自然保护区管辖海域及周边海域的水动力场、岸线淤蚀及贝壳物源。此因素是影响自然保护区保护目标的最重要、最直接因素，制约着自然保护区今后的发展。

入海河流上游所排放的工农业生产污水和城市生活污水对自然保护区近海海域造成一定程度的污染，导致近海海洋生态环境形势严峻。

自然保护区西侧以大济路为界，自然保护区内国道三级公路主要为实验区内的孙岔路、老疏港路和新疏港路，人类活动相对较多，对实验区影响较大，但对核心区没有影响。由于自然保护区东侧疏港路中的一段（长约 5.0 km）为缓冲区和实验区的分界线，所以人员和车辆的活动可能对缓冲区产生一定影响。

穿越自然保护区的其他公路均为县乡级公路，部分路段已经基本废弃不用，来往其间的都是当地车辆，车流量和人流量不高，对自然保护区虽有一定的影响，但影响较小。

区内的狩猎行为主要在自然保护区的南部实验区内，前几年比较严重，公安部门从社会上收缴枪支以后，狩猎强度和规模均已下降，只有部分周围农民冬季用网具猎兔，建区以后，通过加强管理，基本控制了进入自然保护区狩猎的行为。但是，仍有极少数人在冬季进行猎兔，对此应进一步加强管理。

2.7.5 人为原因

2.7.5.1 滥采乱挖贝壳砂资源

自 20 世纪 90 年代开始，贝壳砂的经济价值逐渐被社会所认识。受经济利益的驱动，周边群众滥挖贝壳砂作为饲料添加剂出售，当地企业利用贝壳砂生产水泥和贝瓷产品，狂挖贝砂屡禁不止，至今仍偶有发生。据调查统计，无棣大口河贝壳堤岛2008年面积比1993年减少57%；贝壳岛原高程7 m左右，现最大高程4.7 m。汪子堡贝壳岛与棘家堡贝壳岛相连，2002年比20世纪90年代初的面积减少了30%。

2.7.5.2 修筑港口码头

近年来，贝壳堤岛西侧投资127亿元的黄骅港兴建起来，从沿岸延伸到渤海20 km以上，近岸处宽度也超过7 km。港口的建设极大地改变了贝壳堤岛邻近海域的水动力，港口对海流具有阻隔作用，水动力也会随之减弱，海岸原有的输砂平衡被打破，大颗粒的泥沙减少，黏土颗粒增加，并且随着朔望大潮，黏土颗粒会淤积在原有的贝壳堤上。

位于贝壳堤岛东侧的滨州港，1期工程计划投资30.8亿元，从马颊河口一直延伸到渤海15 km以上。滨州港和黄骅港两港合拢呈“螃蟹螯”状，改变了自然保护区邻近海域的水动力。

2.7.5.3 兴建工业企业和民居

明代大口河就已成为常住居民点和海上捕鱼、航运、商业中心，明地方政府曾在大口河专设巡检管辖进出船只、缉私护税，维护航运安全。经1927年、1929年两次大海潮，无棣沿海渔村、渔堡居民生产、生活受到很大威胁。1939年大潮后，套儿河堡内迁并入岔尖堡；1957年大潮后，大口河堡于1959年内迁至水沟堡；1964年、1969年两次潮淹，沙土堡于1974年内迁至北长滩。高坨子、棘家堡子、汪子岛常住居民亦全部搬走，渔堡变成了季节性的渔业加工场所。但1986年以来，随海水养殖、晒盐及盐化工的快速发展，大批养殖场、盐场和盐化工厂落户无棣、沾化沿海，数千名季节性渔民和养殖、制盐、盐化工人的生产活动以及厂房和民居建设，使贝壳岛生态系统再次遭到重创。2016年调查发现，下泊头村存在自然保护区内建设民居及养殖大棚现象。

2.7.5.4 过度采捞贝类资源

自然保护区北部滩涂盛产各种贝类，附近渔民经常采捡，更有甚者使用吸蛤船过度捕捞、毁灭性采集，导致贝类资源日渐减少，贝壳堤岛物源受到严重影响，以致贝壳堤岛自然消长失衡。

2.7.6　存在问题

自然保护区成立至今的17年间，自然保护区的发展过程和有效管理并非一帆风顺，期间存在许多的困难和客观问题。这些问题中比较突出的亟须解决的主要包括以下几方面。

2.7.6.1　养殖场、盐田、农业用地、居民点等历史遗留问题

截至2016年4月已查明，自然保护区范围内的绝大部分养殖场、盐田、农业用地、居民点实为自然保护区建区前就已客观存在，这是由自然保护区选划不规范所导致。此历史遗留问题一直困扰着自然保护区管理局，也是阻碍自然保护区有效管理的瓶颈。

2.7.6.2　行政管辖问题

以马颊河河道中心线为界，自然保护区划分为两部分，分别隶属无棣县和滨州北海经济开发区，各占自然保护区总面积的67%和33%。而滨州贝壳堤岛与湿地国家级自然保护区管理局隶属无棣县，从管辖权角度来讲，其无权管理北海经济开发区内的自然保护区范围部分。此问题亟须上级部门协调解决。

2.7.6.3　产业转型问题

由于传统渔业、盐业的生产模式较为粗放，大多数养殖池塘、盐田单位产出少，资源利用率低。积极实施“科技兴渔”战略，发展现代高效渔业养殖，转变传统渔业和盐业发展方式，探索产业转型是自然保护区管理部门及地方政府应优先考虑的民生问题。

2.7.6.4　贝壳堤岛侵蚀问题

贝壳堤岛是自然保护区的主要保护对象，近年来受侵蚀程度越来越严重，亟须开展生态修复工作。

2.7.6.5 贝类资源日趋匮乏

由于过度捕捞，贝壳堤物质来源的贝类资源日趋减少，采取底播增殖、封滩繁育等生态恢复措施是自然保护区管理部门亟须解决的重要问题。

2.7.6.6 其他问题

主要包括自然保护区人才缺乏、员工再学习、科研监测设备实施老化、监管站年久失修、道路老化、自然保护区周边污染问题等等。

3 指导思想、原则、目标

3.1 指导思想

严格遵守《中华人民共和国海洋环境保护法》《中华人民共和国野生动物保护法》《中华人民共和国自然保护区条例》等相关的法律法规，贯彻可持续发展的科学发展观，以贝壳堤岛与湿地保护为中心，加快基础设施建设，健全各项管理措施，结合自然保护区今后的发展方向，在保证自然资源不受破坏的前提下，寻求以自然保护区建设促进当地社会经济的协调发展，实现环境效益、经济效益与社会效益的和谐统一。

对自然保护区发展目标、建设项目布局、功能区划要从可持续发展的角度出发，强调规划的适用性和可操作性。坚持以人为本，充分发挥自然保护区的自然资源优势，促进自然保护区与社区群众生产生活的和谐健康发展。

3.2 基本原则

贝壳堤岛与滨海湿地和野生动植物的保护管理是一项综合与复杂的系统工程，必须认真贯彻执行相关法律、法规及政策。为加强对滨州贝壳堤岛与湿地国家级自然保护区的海洋自然遗迹的保护，维护滨海湿地的生态平衡，保证贝壳堤岛的完整性，保护珍稀野生鸟类的栖息繁衍，根据自然保护区总体规划的指导思想和基本原则，针对不同保护对象的特点，确定保护目标应遵循以下原则。

3.2.1 依法治区原则

坚决执行《中华人民共和国海洋环境保护法》《中华人民共和国野生动物保护法》《中华人民共和国自然保护区条例》《海洋自然保护区管理办法》等相关的法律、法规及政策，坚持依法对自然保护区实施保护，把依法治区与宣传教育结合起来。

3.2.2 分区管理原则

自然保护区的核心区和缓冲区应以保护为主，特别是核心区，实行封闭式管理保护，除专门批准对贝壳堤岛开展必要的科研、调查活动以外，禁止任何人类活动的干扰。实验区在不破坏自然景观、不影响资源保护的前提下，可以有组织、有目的地开展科研、宣教、生态科普观光以及驯化、繁殖珍稀、濒危野生动植物等非破坏性活动。

3.2.3 保护和恢复相结合原则

采取适当的保护措施，保护现有的珍贵的海洋自然遗产和物源地贝类、滨海湿地鸟类及湿地生态环境，确保贝壳堤岛生长发育的物源充足、鸟类及湿地生态环境的改善。采取措施减缓和防止近岸侵蚀、恢复天然湿地植被生长。

3.2.4 保护与可持续发展相结合的原则

在对贝壳堤岛物源地充分保护的基础上，除加强管理，禁止酷捕滥采以外，积极开展浅海滩涂贝类的资源育苗和增殖工作，既可保证贝壳堤岛的物源，又可增加收入；在对多种国家级珍稀野生保护鸟类和滨海湿地资源进行有效保护的同时，积极利用当地的优势资源，适当发展生态渔业、休闲观光渔业、生态科普观光业等活动，增强自然保护区的经济实力，促进自然保护区资源环境的可持续发展。

3.3 规划目标

以基于生态系统的海洋综合管理为指导，以保护自然资源和生物多样性为中心，以实现自然资源的可持续利用和海洋生态文明为目的，致力建设集生物多样性保护、科研监测、宣传教育、社区共管、生态旅游及合理利用于一体的综合性保护体系，逐步实现保护管理科学化、科学研究现代化、自然资源利用合理化、基本建设标准化，努力把滨州贝壳堤岛与湿地国家级自然保护区建设成为环境优美、内容丰富、设备完善、布局合理、管理科学和运营灵活的多功能、多效益的示范自然保护区。

4 规划主要内容

4.1 保护管理规划

对贝壳堤岛及其周围原始湿地的保护，需按照有关法律、法规，加强宣传教育，科学合理地制定保护规划，对重点保护对象和区域实行全封闭保护管理，从而达到保持贝壳堤岛与湿地完整性、自然性的目的，保证形成贝壳堤岛的物源及物源地不被破坏。

4.1.1 海岸侵蚀监测与防治设施

在自然保护区海岸设立固定监测标志，定期观测海岸的蚀淤变化。黄骅港导沙堤建成后，大风浪条件下在导沙堤南侧产生的沿堤流携带近岸泥沙向海运移，导致自然保护区岸滩发生侵蚀。通过在自然保护区西侧修建阻流潜堤，阻断近岸泥沙随沿堤流向海运移的通道，减缓自然保护区岸滩的侵蚀，保持贝壳堤岛的生长发育。

4.1.2 巡护设备

自然保护区管理局现有管护船 1 艘，管护公用车 1 辆，巡护摩托车 2 辆。为便于开展工作，规划再配备科研监测车 1 辆、电动巡逻车 1 辆、野外巡护工作用品 20 人×5 套，开发保护区巡护 App，提高自然保护区管理、后勤保障和处理突发事件。

4.1.3 道路修建

老疏港路和孙岔路长约 36 km，是自然保护区巡护路段，也是区内企业的主要运输干道，因年久失修，交通条件较差。规划对道路进行修缮、改造。

马颊河纵贯自然保护区，区内段没有道路桥梁，由东岸至西岸需向南绕行30余千米，不能实现对自然保护区全境有效监管。规划修建大济路（埕口镇孟家庄村附近）至北海新区老疏港路的巡护道路及桥梁，方便巡护监管。

4.1.4　管护设施

在自然保护区核心区、缓冲区关键位置设置管护大门6处，控制人员机械等进入。

4.1.5　巡护、防火工作

4.1.5.1　巡护工作

对贝壳堤岛和滨海湿地进行巡护是保护措施的重要内容，自然保护区的巡护区域根据自然保护区的功能区划分为一般区域和重点区域。贝壳堤岛是重点保护对象，一年四季都应重点巡护，并且要加强夜间巡护，防止贝壳堤岛被盗挖；春、秋两季是鸟类迁徙的主要季节，需要加强巡护管理，在鸟类繁殖季节，应加强繁殖地的重点巡护；春、夏、秋三季重点加强海域巡护，防止吸蛤船进入浅海滩涂酷捕滥采滩涂贝类资源，破坏贝壳堤岛的物源地；冬季要加强对湿地的巡护，特别是自然保护区南缘与外界接触的区域，防止偷猎行为的发生。

4.1.5.2　防火工作

自然保护区内的草地是自然保护区防火的重要区域，坚持“预防为主，积极消灭”的原则，增强防火、灭火的综合能力，全面控制各种火源，杜绝一切火灾隐患。

1）加强防火宣传

加强防火宣传，提高全民防火意识，是自然保护区一项常抓不懈的工作。在社区共管的基础上，通过各种形式加大防火宣传力度，如在社区利用标语、黑板报、电影、发放宣传材料等方式进行宣传。

2）建立防火预报和消防系统

利用自然保护区内的瞭望塔居高临下，在观察自然保护区内人员活动情况的同时，加强对自然保护区内重点防火区域的火情观察，特别是秋冬季节，要加大观察频率，发现火险及时报告，及时扑救。

4.2 科研监测规划

4.2.1 开展科研的原则

自然保护区是重要的科研基地，为保护和合理利用贝壳堤岛与滨海湿地资源提供科学依据，自然保护区应根据自身的特点有重点地开展科研工作。

（1）科研项目选题要目的明确，任务具体，有助于科普宣传的要优先开展，先易后难，有条件的和急需解决的应优先开展。

（2）坚持短期和长期相结合、保护管理和合理利用相结合、常规性和专题性相结合、科研与宣教相结合。

（3）加强与国内外自然保护区的学术交流。

4.2.2 科研监测任务

滨州贝壳堤岛与湿地国家级自然保护区主要保护对象是贝壳堤岛、物源地贝类、滨海湿地鸟类，科研和监测工作要围绕主要保护对象和保护目的来开展。根据自然保护区的实际情况，确定科研监测的任务如下：

（1）定期开展贝壳堤岛、滨海湿地的面积、空间分布等的监测；

（2）开展自然保护区海域水质、沉积物、浮游动植物、底栖生物等的调查监测；

（3）海岸侵蚀监测；

（4）定期开展鸟类活动及栖息地监测；

（5）贝壳堤砂资源本底调查。

4.2.3 科研监测项目

4.2.3.1 科研项目

科学研究是自然保护区实施有效保护，实现自然保护区管理目标的保证。自然保护区科学研究的内容可分为常规性科学研究和专题性科学研究。

1）常规性科学研究

这是自然保护区的基础研究工作，包括综合科学考察、自然条件、自然景观、动物区系、资源种类和数量调查以及气候、物候观测、环境因素监测等。

（1）深入开展自然保护区综合科学考察

自然保护区本底资源调查是自然保护的科研、管理最基础的工作，需对自然保护区内本底资源做系统、深入的调查，摸清区内资源与环境本底，并分阶段进行整理，建档立卷，与不断变化的生态系统形成参照，以便继续对自然保护区内自然生态条件、自然景观、动植物资源进行更细致的调查。

（2）自然保护区自然资源保护与合理开发利用的研究

重点对贝壳堤岛的贝壳资源、土地资源、水资源、生物资源和旅游资源（生态科普观光）等自然资源的保护和合理开发利用进行研究。包括自然资源开发利用的基础研究、现状研究和远景研究三个方面。

2）专题性科学研究

专题性研究工作主要是针对自然保护区管理的实际需要，为不断完善保护措施，提高保护效果，实现管理目标直接服务的一系列支持性科学研究。自然保护区专题性科学研究项目包括：

（1）自然保护区可持续发展的研究

为了更好地促进贝壳堤岛的不断生长发育，需要摸清近海水域盐度变化规律与贝类生长发育的关系，探讨浅海滩涂贝类资源增殖技术，研究贝壳堤岛生长发育的速度、规律与浅海滩涂贝类资源量的关系。

湿地是自然保护区内生物赖以生存的环境，应对自然保护区湿地的结构和功能进行研究，探讨促进、改善湿地水生植物群落恢复与增长技术，摸清自然保护区水生生物种群动态变化以及浅海海洋环境质量与海洋生物的关系。

在贝壳堤岛与湿地研究的基础上，探讨自然保护区资源和环境的可持续发展。

（2）自然保护区珍稀、濒危鸟类生态学的研究

自然保护区内珍稀、濒危鸟类种类多、分布广，为了更好地进行保护，应对其进行种类、数量、分布、生活习性、繁殖习性、迁徙规律等方面进行研究，摸清其生态习性，制订相应的保护措施。开展海洋环境变化与鸟类栖息繁衍关系的研究。

（3）人类活动对自然保护区影响的研究

近几年来，港口、修造船厂、盐化工厂、油田在自然保护区附近的经营活动中产生的环境污染如废气、噪声、污水等对自然保护区造成一定的影响，研究应重点调查企业生产活动污染物排放、对植被的损坏、对环境的污染、植被资源恢复、环境治理等课题，探索出将企业生产活动对自然保护区产生的负面影响减少到最低程度的途径。

（4）入海河流对浅海海洋环境研究影响

自然保护区及周边浅海区域有 3 条河流入海，随着陆地污染物随河流不断注入浅海海域，浅海海洋环境变化比较快，对海洋生物的影响越来越大，海洋环境的变化是影响浅海海洋生物资源变化的主导因素，对新生贝壳堤的形成产生较大的影响。因此应研究入海河流对海洋生物资源产生的影响，为保护自然保护区的海洋生物资源及生态环境提供依据。

（5）港口等工程对自然保护区的影响研究

近年来，为解决航道骤淤问题，黄骅港向海建设长约 20 km 的导沙堤，导沙堤建设后加大了沿堤流，使自然保护区附近海岸有侵蚀加剧的趋势。为增加港口吞吐能力和解决航道淤积问题，滨州港也向海建设引堤，使得周边海域的泥沙运移趋势发生改变。需要研究港口等工程对自

然保护区海岸蚀淤的影响及防护对策。

4.2.3.2　监测项目

1）海洋环境监测

自然保护区的潮间湿地和潮下湿地面积广阔，海洋环境的好坏直接影响到二者的质量和海洋生物种群的数量，特别是海洋软体动物的种群和种群数量，从而影响到贝壳堤岛的生长发育。加强海洋环境监测不仅能够促进自然保护区的保护建设和发展，同时也能够为当地海洋渔业经济的发展提供充分的科学决策依据。海洋环境监测项目有：

（1）海岸侵蚀监测；

（2）入海河流携带污染物的种类和数量的监测；

（3）海水水质、海底沉积物质量监测；

2）湿地监测

湿地监测是自然保护区管理的基本内容。要了解湿地环境的健康状况，掌握湿地功能和未来的变化趋势，进而制订出科学的湿地保护管理对策，确保恢复和管理朝着我们所期望的目标发展，都离不开湿地环境变化的监测。

自然保护区首先要建立“滨海湿地生态系统定位监测站”，开展长期连续的湿地生态系统结构与功能规律的动态监测。湿地监测项目有：

（1）湿地水域面积变化对生物多样性影响的监测；

（2）湿地水域面积变化和湿地质量变化的监测；

（3）生态养殖引起的湿地变化的监测；

（4）科普观光与休闲对湿地环境产生干扰的监测；

（5）污染源的监测与防治及其对湿地生态环境的影响；

（6）鸟类迁徙季节、越冬地点及种群动态变化等进行监测。

4.2.4　科研队伍建设

针对滨州贝壳堤岛与湿地国家级自然保护区科研基础薄弱，专业人员不足的状况，在规划期内有计划地陆续招收2~5名研究生，或直接引进1~2有经验的高级专业技术人才，并对现有职工进行有计划的专业技术培训，以加强自然保护区的科研队伍力量。

自然保护区在发展科研队伍的同时，聘请有关学科专家来自然保护区内指导和参与科研工作，努力提高自然保护区科技人员的政治和业务素质，增强他们的事业心和责任感。制订符合实际的人才培养计划，尽快培养出一批有独立科研能力的科研骨干。鼓励在职人员深造，树立优良学风，倡导自学和刻苦钻研的精神，加强横向联系，培养合作精神，与国内外有关科研院所建立广泛的科研联系和协作。

4.2.5 科研组织管理

科研宣教科是自然保护区的科研管理机构，负责制订自然保护区的科研发展规划、年度研究计划，选择科研课题和进行科研工作的管理。研究内容需要与自然保护区的科研方向和任务相结合，从基本情况调查与基础资料收集入手，摸清各类资源储量，绘制各种资源分布图。根据工作需要，负责牵头建立开放式合作关系，集中力量进行重点攻关。开展重大科研项目时，采用目前国内外比较通用的课题项目组织管理形式。无论独立研究还是合作研究，都要确定相应的课题项目负责人，并以协议形式明确项目负责人的责任、权利和义务，由项目负责人全权负责项目研究的具体操作。

（1）自然保护区科学研究项目的实施由科研宣教科完成，负责科学研究规划的制订，科研课题的安排，科研工作的组织协调，科研资料的整理，科研人员培训等工作以及野外资料的收集、调查。

（2）对于常规性如自然条件，动、植物种类、数量，资源储量，物候观察，社会基本情况调查等方面的科学研究，主要由自然保护区科研宣教科单独完成。

（3）对于一些专题性如生物资源的保护和利用，生态效应与环境监测，生态系统的长期定位研究等科学研究，考虑到自然保护工作的科研设备和科研力量等条件的限制，主要组织有关科研院所、高等院校等单位的科研力量协作完成。

（4）外来研究单位和个人单独进入自然保护区开展工作，必须经自然保护区主管部门批准。其研究成果的副本交自然保护区，以利于自然保护区基础材料的积累。

（5）自然保护区的科学研究是一项长期的工作，所以必须建立科学技术管理档案。将长期的观测记录完整地保存下来，以探索客观规律性，得出真正经得起历史考验又被实践证明的科学理论。

4.2.6 科研档案管理

科研档案包括以下几个方面：科研计划、规划、报告、总结；各种科研论文、专著；各种科研记录和原始材料；自然保护区观测与环境监测资料；科研人员的个人工作总结材料等。各种档案和信息均输入电脑，实行档案常规和电子化双轨存储管理。科研档案管理要求如下：

（1）确定专人负责，建立岗位责任制；

（2）建立科研人员研究成果与进展年报制度，将科研工作中发现的问题、取得的成绩定期报告，以便尽快将科研成果应用于管理实践；

（3）建立档案收集及借阅制度，坚持按章办事，既要加强档案服务，又要确保科研档案不被遗失或毁坏；

（4）实行科学、规范的档案管理，按国家规范要求统一规格，统一形式，统一装订，统一编号；对以往缺漏档案应尽量收集补齐。档案管理要使用微机管理和人工归档相结合。

4.3 宣传教育规划

4.3.1 社区共管

4.3.1.1 社区共管内容

减少人为干扰是保护自然资源和生态环境的首要问题之一，社区共管便成为重中之重，参与贝壳堤岛与湿地资源共同管理的单位主要包括当地人民政府、县直有关部门及当地社区居民。无棣县人民政府对自然保护区的各项管理工作十分重视，积极协调自然保护区与周边地区的关系。

1）建设贝壳堤岛与湿地资源保护协会

自然保护区位于人口稀疏地区，但其周边地区分布有村庄和少量的工业企业及油田，以自然保护区内的土地、资源为生存条件和生产原料，对自然保护区的生态环境以及生物资源的可持续性构成一定威胁，因此，自然保护区管理机构必须与县直有关部门、当地村级机构和社区群众，在无棣县人民政府和北海经济开发区管委会的统一领导下，成立贝壳堤岛与湿地资源保护协会。在自然保护区管理机构的协调、组织下，制定协会章程和协议，明确各单位和个人的权利和义务，积极开展工作，协调各种关系，共同承担自然保护区的保护任务。

2）完善贝壳堤岛与湿地保护的政策、规定

对整个自然保护区进行生态环境综合治理，凡影响生态和自然环境的所有在建项目一律停建，并对自然保护区内核心区内现有养殖池进行退养还滩。对周边的旅游景点、旅游船只等，联合相关部门进行严格审查，确保达到环保标准。制定资源保护和合理利用资源的规定和政策，有章有序，有效执法，通过法制和经济手段，制裁不合理利用浅海和滨海湿地资源的行为，打击破坏资源与环境的违法犯罪活动，实现资源的可持续利用。

3）搞好社区共建，实现保护与经济同步发展

自然保护区在管理和建设过程中，要坚持多吸纳社区干部群众意见，把群众的切身利益放在重要位置，依靠自然保护区的自然资源优势，调整产业结构，促进社区经济增长。目前，自然保护区管理机构请来水产专家对社区群众进行生态养殖技术培训，受到了当地群众的热烈欢迎。

4.3.1.2 周边最佳产业结构模式

自然保护区周边渔业和农业产值在生产总值中占有绝对优势，而加工业和第三产业所占比重微乎其微。这样的产业结构实质就是初级农产

品的生产或附加值极低的农产品初加工。不合理的产业结构必然导致经济效益低下，市场适应能力差，对资源的直接消耗增加。因此，自然保护区应帮助周边社区逐步改变这种不合理的产业结构，建立资源—环境、成本—效益最佳的产业结构模式，即：以高附加值的生态渔业和设施渔业代替传统低效益的粗放养殖等；以循环经济和生态经济的发展模式推进实验区及自然保护区周边盐业、盐化工企业的发展；积极引进和开发农产品加工的先进技术，提高深加工产品的附加值，形成产、供、销网络；大力发展生态科普观光，带动第三产业发展；开展多种经营，增加副业收入。

4.3.1.3 社区人口控制

控制周边人口向自然保护区的渗透，严禁在自然保护区内建立新居民点。自然保护区应协助当地政府加快社区建设，特别是小城镇建设，把散居的农民吸引到城镇，逐步实施沙头堡村、汪子村外迁，以利于人口控制，集中建设环境设施，减少对自然生态环境的威胁。同时要严格禁止在自然保护区内部和限制在周边地区建设有污染的企业，确保自然保护区生态环境质量良好。

4.3.2 宣传教育

自然保护区的宣传、教育工作是自然保护事业极为重要的一环。滨州贝壳堤岛与湿地国家级自然保护区是目前国内外保存最为完好的贝壳堤岛，所以，自然保护区向社会、社区群众、学生和自然保护区职工宣传、讲解贝壳堤岛的形成及生长发育、湿地功能、地质构造、原始地貌、野生动物保护等知识，对于保护生态环境、合理利用资源、促进社区和谐具有非常重要的意义。

4.3.2.1 对周边社区群众的宣传教育

（1）开展法制宣传教育，增强周边社区群众保护环境的意识和法制意识。通过成立专门宣传队伍，组织专门人员定期到社区举办以爱岛、爱鸟和野生动物保护为主题的知识讲座，促进双方对保护知识的沟通与交流。广泛宣传有关的法律法规，形成知法守法、依法办事的良好局面。

通过放映电影、录像、印发宣传画册，在社区采取展示板、墙报、标语、专栏等形式开展宣传教育活动，增强民众热爱大自然的意识。

（2）积极向自然保护区及其周边社区推广优良品种和先进的生产技术，帮助他们发展生产，引进适合当地经济发展的项目，使他们更好、更自觉地与自然保护区合作，减少有机物的消耗，以维护自然保护区的生态平衡。

（3）通过广播、电视、报纸、杂志或定期发放材料等形式对社区群众进行宣传教育，促进人们认识过度开发对海洋和湿地生态系统造成的严重危害，使人们了解对贝壳堤岛与湿地进行保护的重要意义，认识到当前环境状况对当地人们生活、生产的现实或潜在威胁，从而增强对所处生存环境的危机感，主动遵守自然保护区的一系列规章制度。

（4）资助社区的公益事业，为社区学校提供参观、学习的条件。通过举办“世界环境日”“世界湿地日”“国际生物多样性日”“世界海洋日暨全国海洋宣传日”等活动，培养在校学生保护自然环境的意识。

由贝壳堤岛与湿地资源保护协会牵头，联合新闻单位和有关部门开展对保护贝壳堤岛和湿地，保护生态及合理利用湿地资源的重要性、紧迫性，积极开展一系列科普宣教活动，提高社区居民保护自然资源，爱护自然环境的意识。协会要印制并广泛张贴和散发环境保护、野生动物保护、资源管理、自然保护区管理等有关的国家法律和法规，并充分利用“世界环境日”“世界湿地日”“国际生物多样性日”“世界海洋日暨全国海洋宣传日”等纪念日到街道、村庄、集市进行广泛宣传，让群众了解和自觉遵守有关自然保护区的法律、法规。学校是开展环境教育的重要基地，协会要在保护区周围的学校放映生动活泼的环保知识宣传片，对在校学生进行环境法规和环保科技知识教育，教育和引导学生从小养成热爱自然、热爱环境、珍惜自然资源的良好风尚。

4.3.2.2 对管理人员的培训教育

（1）加强对现有在职人员的培训，采取聘请专家、学者等方式，定期对职工进行法律法规、环境保护、贝壳堤岛、湿地和野生动物保护、管理、科研和监测等培训教育，开展现场实地专业培训和专业知识讲座，并派出员工到先进的自然保护区学习相关专业技术和管理经验。培养职工树立热爱自然保护区、建设自然保护区的理想，在提高队伍整体业务素质的同时，尽快培养一批学科带头人，使他们能在较短时间内成长为能独立开展科研和自然保护区管护的专业人才。

（2）积极开展科学研究、学术交流活动，积极推动自然保护区之间的交流与合作，促进自然保护区的各项工作上一个新的台阶。加强国际交流与合作，吸取国外先进的技术和经验，通过合作研究提高自然保护区工作人员的综合素质和业务水平。

4.3.2.3　对观光者的宣传教育

通过各种媒介（包括广播、电视、宣传画、多媒体、标牌、模型等）对进入自然保护区的观光者以直观的宣传。

（1）在科研宣教中心通过多媒体演示屏直接向观光者提供各种自然保护区的信息，让观光者对自然保护区的意义、基本情况等有一个全面的了解。

（2）在自然保护区入口、沿线、管理站等地方的醒目位置设立生态环境和野生动物保护、人与动物和谐相处、可持续发展等内容的标语牌和宣讲图，对《中华人民共和国环境保护法》《中华人民共和国海洋环境保护法》《中华人民共和国野生动物保护法》等法律法规以标牌的形式大力宣传，使法律、法规为每一个进入自然保护区的观光者所熟知。

（3）聘请环境保护、野生动植物保护等方面的专家举办讲座，向观光者进行宣传教育，并在自然保护区举办有关野生动物保护的中小学生夏令营等活动。

4.4　生态修复规划

4.4.1　贝壳堤岛生态修复与保护

对马颊河及高坨子河滨海湿地生态系统恢复，对老沙头堡岛和北沙子岛海岛海岸线及生态进行修复，为鸟类栖息提供生境，提高植被的覆盖率；提升贝壳堤岛生态修复效果，进行人工贝壳堤修建试点工程；建设贝壳堤岛生态保护监视监测及数据库应用系统，以便对贝壳堤岛生态系统进行保护和修整。

4.4.2 贝类资源

自然保护区核心区和缓冲区的潮间湿地和潮下地带生长有种类繁多的软体生物和其他底栖生物，优势种有文蛤、四角蛤、青蛤、缢蛏、玉螺、毛蚶、沙蚕、小型螃蟹等，软体动物的外壳是贝壳堤岛的物源。通过采取在核心区边缘设立永久性标志、界桩，划定保护界线；建立贝类苗种繁育场和实施贝类生态增养殖等保护性工程措施，丰富区内贝类生物资源和其他底栖生物。

4.4.3 野生生物资源

扩大植被覆盖面积，建立鸟类食物补给区，为鸟类等野生动物提供大范围的栖息繁衍场所。建设野生动物救护中心，实施人工救护和扩大野生动物的种群数量工程，加强对遇险珍稀野生动物的救护和驯养繁育，扩大野生动物的种群数量。

4.5 资源合理利用规划

生态科普观光是以自然生态系统为观光对象，融科普教育、环境保护、休闲娱乐为一体的观光活动。自然保护区开展生态科普观光具有得天独厚的优势。开展生态科普观光一方面可宣传自然保护区环境与资源对人民生活的重要价值，提高自然保护区的知名度，为自然保护区增加收入；另一方面，带动社区经济发展，使社区群众认识到保护资源同样能给他们带来经济利益。但是必须清楚，超出环境容纳量的生态科普观光会导致保护区观光资源和自然环境的破坏，而成为一种消耗性的资源利用方式，因此，必须对生态科普观光进行科学规划，并且首先明确应将生态科普观光功能仅仅定位为自然保护区的一项辅助功能。

4.5.1　发展生态科普观光的规划原则

（1）在不影响滨海湿地生态环境和珍稀物种保护的前提下，发展科普观光旅游业；

（2）生态科普观光不破坏自然环境；

（3）有利于科学普及、科学考察、宣传教育等活动的开展；

（4）观光项目的选择必须符合自然保护区的环境质量要求，严格控制或者禁止可能对自然保护区的水环境和珍稀鸟类栖息环境造成污染或破坏的观光项目；

（5）观光项目建设必须同时考虑配套环境保护设施建设。

4.5.2　生态科普观光发展前景

随着人们物质文化生活水平、知识水平、环保意识的提高，回归自然、崇尚自然已成为一种精神时尚，生态科普观光则是这种时尚的具体体现。随着我国假日经济的迅猛发展，身居大都市的居民回归大自然的愿望十分强烈，从客观上也为生态科普观光业的发展创造了条件。

4.5.3　观光资源状况

自然保护区地处京、津、冀、鲁大中城市包围圈内，距离北京、天津、济南、青岛、烟台、德州、沧州等大中城市的路程均在假日经济地理区域内，加之具有一定的观光资源，适宜发展生态科普观光。自然保护区及周边既有自然景观又有历史名胜，其中最具生态观光特点的当属贝壳堤岛与湿地景观。

4.5.4　环境容量分析

由于贝壳堤岛与湿地比较脆弱，所以在开展生态科普观光时必须严格控制在环境容纳量之下。现根据各景区的自然特点和设施建设情况，用线路法和面积法对环境容量进行测算，滨州贝壳堤岛与湿地国家级自然保护区在完成建设规划后，生态观光最大日平均环境容量为 500 人左右，年可观光天数按 100 天计算，全年环境容量为 5 万人次。而目前自然保护区年均接待观光者数量不过 1 万人次，远远没有达到实际的环境容量。

4.5.5 观光项目

4.5.5.1 科普教育区

自然保护区修建科普走廊、多媒体宣教中心，标本室和科普信息服务中心等设施，还可建成中小学生的夏令营基地。自然保护区可与周边或更大范围的大、中、小学校建立广泛的联系，为学校提供教学实习服务。科普教育区的建设应突出主题，特别要体现人与自然和谐共存的关系和可持续发展的思想。

4.5.5.2 观鸟区

自然保护区湿地水域周围可修建观鸟亭或移动观鸟设施，通过高倍观光望远镜，从远处观察，不影响鸟类正常活动。在观鸟区由专业导游向游客讲解鸟类野外识别、生态学、环境保护等方面的知识。

4.5.6 客源和市场分析

从目前来看，绝大部分观光者来自国内，主要是京、津、冀地区和本省济南、青岛、烟台及邻近市县的观光者。观光基础设施比较落后、宣传力度不够、旅游观光项目较少、规模不大。

4.5.7 环境质量控制

开展生态科普观光必须采取有效措施，防止对自然生态环境造成负面影响，自然保护区内所开展的一切活动都必须严格执行《中华人民共和国环境保护法》《中华人民共和国海洋环境保护法》《中华人民共和国自然保护区条例》，不得危及野生动植物及其生存环境的安全。根据需要在景点区布设一定数量的垃圾桶，配备垃圾清运车等设施，对垃圾集中处理，防止二次污染。

4.6 绿化美化规划

（1）为确保区内景观的自然性及协调性，绿化美化工作的重点应放在自然保护区南缘比较干旱的湿地带、道路两旁、区内河道沿岸，组织开展种草、种树工作，美化生态环境。

（2）在自然保护区管理机构、科普走廊、职工住宅的周围和房前屋后种植以乔、灌、草相结合的花园式绿化植物，以此营造一个优美的生活、工作和供观光者参观、休息的环境。

（3）自然保护区内的建筑设计应采用与自然色调相匹配的颜色和式样，应特别注意与当地的文化氛围相融合。

5 重点项目建设规划

滨州贝壳堤岛与湿地国家级自然保护区重点项目规划，包括 8 类工程项目，重点建设项目布局示意见附图 11。

5.1 保护管理规划

自然保护区的保护管理规划主要包括：道路修建工程，巡护设备工程，野外监测调查设备工程等。

5.1.1 道路修建工程

疏港路和孙岔路长约 36 km，是保护区主要巡护路段，因年久失修，交通条件较差，规划对道路进行修缮、改造，在规划近期实施。

规划修建大济路（埕口镇孟家庄村附近）至北海新区老疏港路的巡护道路及桥梁，方便巡护监管，在规划远期实施。

5.1.2 巡护设备工程

对贝壳堤岛和湿地进行巡护是自然保护区重要的保护措施。目前，自然保护区管理局已配备管护船 1 艘，管护公用车 1 辆，巡护摩托车 2 辆。

1）巡护设备

为使巡护及时高效，规划配备科研监测车 1 辆、电动巡逻车 1 辆、夜视望远镜 3 部、野外巡护工作用品 20 人×5 套。

2）自然保护区巡护 App

开发自然保护区巡护 App，自然保护区巡护人员可以通过 App 记录巡护路线以及巡护过程中发生事件的照片及视频，实时上传，并可以通知自然保护区管理人员，便于自然保护区管理人员采取相应措施，提高自然保护区管理和处理突发事件的能力，在规划近期和远期逐步实施。

5.1.3 野外监测调查设备工程

包括：测绘移动站（RTK）3 台、观鸟专业数码照相机及镜头 2 套、高清摄像机 1 台、观鸟单筒望远镜 1 台、普通双筒望远镜 1 台、高倍双筒望远镜 1 台、红外鸟类监测设备 1 宗、环志设备 1 套，在规划近期和远期逐步实施。

5.1.4 管护设施安装工程

在自然保护区核心区、缓冲区关键位置设置管护大门 6 处，控制人员机械等进入。大门为热镀锌简易栅栏门，在规划近期实施。

5.2 生态修复规划

自然保护区面临着贝类资源枯竭、海岸带侵蚀严重、过境迁徙鸟类食物短缺等方面的威胁，积极开展生态修复、防侵蚀潜堤建设等工程是应对威胁的科学解决方案。自然保护区生态修复规划主要包括如下方面。

5.2.1 贝类资源增殖

自然保护区核心区和缓冲区的潮间带和潮下带生长有种类繁多的软体生物和其他底栖生物，优势种有文蛤、四角蛤、青蛤、缢蛏、玉螺、毛蚶、沙蚕、小型螃蟹等，软体动物的外壳是贝壳堤岛的物源。为了丰富贝类资源，在自然保护区核心区和缓冲区，通过建立贝类生态增养殖等保护性工程措施，建立贝类生态增养殖等保护性工程措施，丰富区内贝类生物资源和其他底栖生物，确保贝壳堤岛的物源地和物源，维护潮间湿地的生态环境。

增殖区面积约10 000 hm^2，在规划近期和远期逐步实施。

5.2.2 鸟类食物补给区

自然保护区内各种管理措施的逐步落实和保护建设力度的不断增加，自然保护区的生态环境将得到了改善，近年来鸟类及栖息地调查成果表明，自然保护区内的鸟类数量在增加，特别是迁徙过境的鸟类的增加，鸟儿群集于自然保护区内取食、饮水、补充营养。为适应鸟类种群、数量增加的需要，在核心区、缓冲区和实验区分别建立鸟类食物补给区，通过定期定点投放贝类、鱼类和养护滨海湿地植被等措施，为鸟类提供饵料食物。补给区总面积约1 000 hm^2，在规划近期和远期逐步实施。

5.2.3 防侵蚀潜堤建设工程

自然保护区防侵蚀潜堤建设工程包括以下组成部分：

（1）水深地形测量及沉积物取样测试；

（2）水文、泥沙观测；

（3）波浪数值模拟；

（4）潮流数值模拟；

（5）岸滩演变及地形地貌冲淤数值模拟；

（6）防侵蚀潜堤建设工程方案编制；

（7）环境影响评价。

在规划近期和远期逐步实施。

5.2.4 贝壳堤岛生态修复与保护工程

项目实施详细方案主要分为5个任务，分别为子项目一：马颊河湿地生态系统恢复；子项目二：贝壳堤岛整治修复效果提升及人工砂质海岸试点工程；子项目三：潮间带湿地生态系统恢复；子项目四：贝壳堤岛生态保护监测及数据库应用系统；子项目五：贝壳堤岛景观生态系统后期维护。项目整体效果图如图5.1所示。

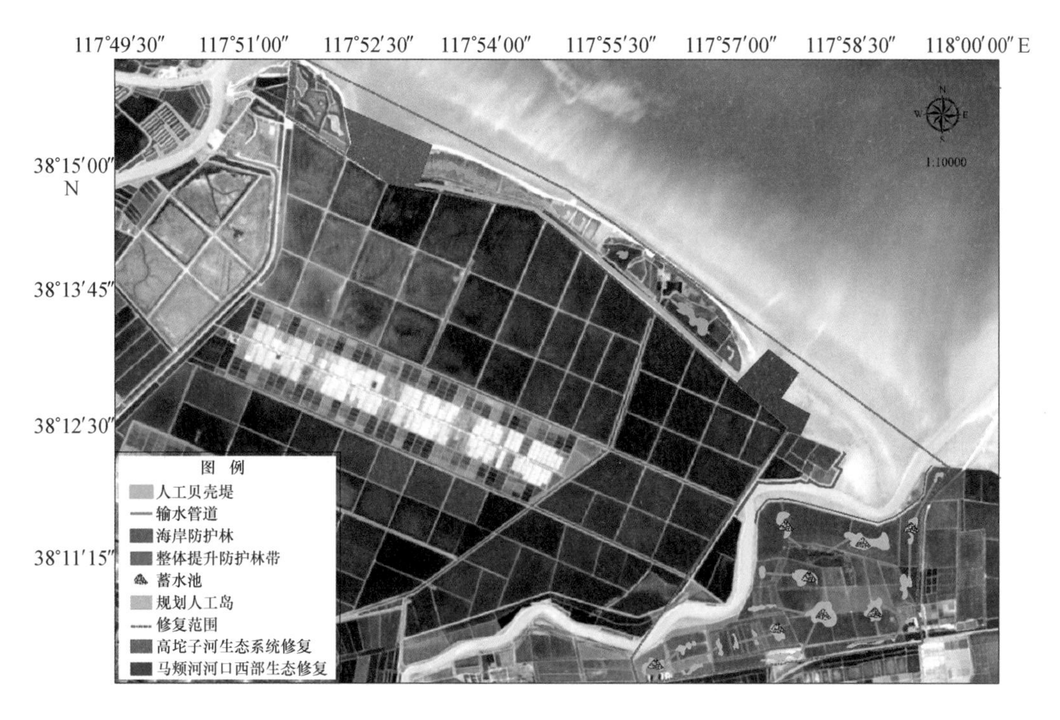

图 5.1 整体修复效果示意图

5.2.4.1 马颊河湿地生态系统修复

主要包括马颊河东岸丘陵景观湿地建设、老沙头堡岛生态系统修复、马颊河河口海岸修复。马颊河东岸丘陵景观湿地建设主要是对养殖池塘部分堤坝进行拆除，并对养殖池塘进行清淤，然后建设丘陵，并进行丘陵景观生态系统的建设；老沙头堡岛生态系统修复主要是对老沙头堡岛部分场地进行平整，对丘陵地貌和海岸带进行修复，对原有植被进行修复，在此基础之上栽种柽柳防护林带，恢复碱蓬生长，以此形成生态景观效应，并对岛陆道路进行场地平整，铺设贝壳砂；北沙子岛生态系统修复主要是对北沙子岛部分场地进行平整，对丘陵地貌和海岸带进行修复，对原有植被进行修复，在此基础之上恢复原始柽柳防护林带，恢复碱蓬生长，以此形成生态景观效应；由于河流动力及潮流动力，马颊河河口具有侵蚀现象，为了保存原有河口地貌不再受动力影响发生改变或者减缓地貌改变速率，在马颊河河口修建防护林带，用以保护河口地貌并且形成河口湿地生态景观效应。

5.2.4.2 贝壳堤岛生态景观效果提升及砂质海岸恢复试点工程

在现有生态修复基础之上继续进行丘陵地貌恢复，进行一定程度的土壤排碱和改良，生态丘陵上恢复原始碱蓬和柽柳，为水禽、候鸟等提供栖息、繁殖、觅食场所，提升自然保护区生态多样性。为了更好地营造人工生态景观，在现有整治修复效果基础之上增加6处丘陵，以此提升景观生态效果。

自然保护区贝壳堤区域内贝壳砂近年来损失过多，为了更进一步提升滨州贝壳堤岛与湿地国家级自然保护区湿地生态系统的景观效应，该项目规划建设第一条人造贝壳堤，在贝壳堤岛选取一段浅滩作为试点建设，试点面积约为 6.84×10^4 m^2，厚度按照 20 cm 计算，共需外购贝壳砂约为 1.37×10^4 m^3。

在人造贝壳堤基础上，通过外运贝壳砂堆砌，建设两处人造丘陵，恢复地形地貌。每处丘陵占地面积 1×10^4 m^2，顶部标高 5.5 m，并自然模拟起伏，人造丘陵共需贝壳砂约 7.33×10^4 m^3。两部分共需外购贝壳砂约为 8.7×10^4 m^3。

5.2.4.3 潮间带湿地生态系统恢复工程

潮间带湿地生态系统恢复工程主要内容为在光滩通过土壤改造技术、保护与营造营养源技术、人工辅助繁育技术、集水技术、节水灌溉等技术重新和恢复植被。

本区域对自然保护区植被恢复和重建可实现四个方面的重要目标：

（1）增加植被盖度，提高生物量，丰富物种生物多样性，改善生态环境，使退化的贝壳堤岛生态系统得以恢复和提升，为各种珍稀动物和鸟类提供良好的栖息和繁衍生态环境条件；

（2）通过植被恢复和重建，改善和提升区内景观，提升自然保护区的旅游价值；

（3）为后续的湿地恢复和其他类似的海洋湿地保护区生态修复起到积极的示范作用，形成示范工程并提供宝贵的实践经验；

（4）成为贝壳堤岛与湿地生态保护的科学研究和教育的基地。

该项目工程共包括两个方面：

（1）土壤改造工程，主要目的是在原有潮滩的基础上改善和建设适合的土壤环境供植物生长；

（2）植被重建工程，栽种适合海滨盐碱湿地环境的植物，根据现场调查和统计，作为原生种的碱蓬和柽柳非常适合在自然保护区内生长，因此，本项目植被的恢复以碱蓬和柽柳为主。

5.2.4.4 贝壳堤岛生态保护监视监测及数据库应用系统

贝壳堤相关资料众多，自然保护区的保护是一个复杂的系统工程，受到诸多因素影响，对众多来源的多种数据进行汇总分析，因此需建设滨州贝壳堤岛与湿地国家级自然保护区生态保护信息系统。利用计算机软件、硬件，建设自然保护区生态保护基本信息数据库、信息保障数据库，完善可视化和辅助决策系统，在规划近期和远期内逐步实施。

5.2.5 沿海防护林建设工程

在自然保护区核心区和缓冲区开展柽柳等沿海防护林建设，在规划近期和远期内逐步实施。

5.3 科研监测规划

科研监测是自然保护区的一项重要工程项目，本规划主要包括：综合科考、生态资源环境监测工程和信息化建设工程等。

5.3.1 综合科考

为了查清自然保护区内生物多样性、自然地理环境、社会经济状况和威胁因素，促进自然保护区的有效保护和科学管理，滨州贝壳堤岛与湿地国家级自然保护区在规划远期内进行 1 次全面系统的综合科学考察活动，并编写自然保护区综合科学考察报告。调查内容可依据保护区类型、主要保护对象等具体情况进行适当调整，在规划远期实施。

5.3.2 生态资源环境监测工程

5.3.2.1 动植物资源监测（不含鸟类）

在自然保护区自然植被、动物分布典型的地带设置固定样地样线，通过实地观测和采样实验相结合的方法，掌握各种植被物种和动物的生境、生长繁殖状况，在规划近期和远期内逐步实施。

5.3.2.2 海洋生态环境监测

通过获取分析影响滨海湿地生态系统的主导因子数据，为保护和管理提供科学依据，为及时掌握自然保护区内的气候、水文、水质等环境因子变化情况，实现自然保护区环境质量及环境状况的预报，规划在自然保护区设两处监测站，配备必要的监测设备。在大口河口和马颊河口各设一个监测点，每年在春季和秋季各进行一次水质、沉积物、生物多样性监测，在规划近期和远期内逐步实施。

5.3.2.3 鸟类及栖息地调查

滨州贝壳堤岛与湿地国家级自然保护区是水鸟南北迁徙的重要驿站，是东北亚内陆和环西太平洋鸟类迁徙的中转站和鸟类越冬、栖息、繁衍的场所，也是东亚—澳大利西亚水鸟迁徙路线的重要组成部分。通过鸟类调查监测和能力建设，提高自然保护区工作人员的水鸟保护和监测能力，加强对湿地与鸟重要价值的认识，营造全社会“重视湿地、爱护水鸟”的良好氛围。

调查目标包括定期出现在湿地、沿海滩涂和滨海草场的水鸟，特别是列入国际自然保护联盟（IUCN）红色名录的珍稀濒危鸟类。

鸟类调查采用路线调查法与定点观测法相结合的方法，借助望远镜、照相机、摄像机等设备对区域内鸟类进行观测。栖息地调查和鸟类调查同时进行。每个调查点进行一次统计。需要记录鸟种类及其各自数量，同一区域不同频次的调查，以一次记录的最大鸟类数量作为该区域鸟类的数量，在规划近期和远期内逐步实施。

5.3.2.4 社区状况动态监测

为了及时掌握当地社区的经济发展情况、了解社区需求、社区矛盾冲突、社区居民心态以及对自然资源的利用状况，协调好自然保护区与社区、保护与发展之间的关系，每年对自然保护区周边的两个乡镇5个村的经济社会发展状况进行调查，在规划近期和远期内逐步实施。

5.3.2.5 贝壳堤岛海岸淤蚀调查

贝壳堤岛海岸属典型的淤泥质滩涂自然岸线，潮间带宽且坡度小而平缓，为淤积提供了自然条件。自然保护区范围两侧分别有黄骅港、滨州港，航道及港周围受海流侵蚀严重。使用桩基固定监测及遥感数据动态监测两种方式进行，在规划近期和远期内逐步实施。

5.3.2.6 贝壳堤砂资源本底调查及三维可视化系统建设

贝壳堤砂资源本底调查采取探地雷达技术和传统的打孔勘探相结合的方法，查清古贝壳堤的埋深、地上地下分布、体积等基础信息；利用三维激光扫描技术进行贝壳堤三维信息获取以及真三维建模，结合高分辨率卫星遥感影像和精细三维模型，构建贝壳堤三维系统，在规划近期实施。

5.3.3 信息化建设工程（岸基视频监控系统维护）

自然保护区岸基视频监控系统日常运行维护，在规划近期实施；自然保护区岸基视频监控系统远期更新，在规划远期实施。

5.4 宣传教育工程

自然保护区事业是全社会的公益事业，不仅要对自然保护区的管理人员进行宣传教育和培训，而且要面向社会，宣传人与自然和谐相处，特别是要向广大中小学生进行爱护环境、热爱大自然、保护自然资源的宣传教育。

5.4.1 自然保护区宣传

内容包括：贝壳堤与湿地、鸟类主题摄影活动，制作专题片、画册，印刷宣传资料等。

宣传教育工程应满足实物、标本、标语、模型、多媒体、图片、文字等形式多样、内容灵活多彩宣传教育手段的需要，具备一定的参观考察、教学实习的接待能力和承受量。宣传教育工程面向社会，面向自然保护区及其周边地区的居民，面向参观、考察、旅游等人员，面向自然保护区的领导者及全体管理人员。主要形式：①电视、广播、报纸等新闻媒介；②科技论著、成果、科普著作；③宣传牌、宣传品等文字读物；④邀请有关专家、学者等人员参观、考察；⑤参加会议、集会等；⑥培训、进修等继续教育等形式，开展宣传教育工作，在规划近期和远期内逐步实施。

5.4.2 员工综合能力提升工程

内容包括：短期业务培训、专家讲座、参加学术会议、高等院校进修、对外考察和交流等，在规划近期和远期内逐步实施。

培训的主要对象是自然保护区管理站的科研、管理、宣教人员及协管员，培训的内容、方式、人数及时间安排详见表5.1。其中，短期业务培训安排在每年的4月份和10月份进行，每次培训时间为3~5天。其中，4月份的培训进行1天野外实地培训。

表5.1 滨州贝壳堤岛与湿地国家级自然保护区人员培训计划

培训对象	培训内容	培训方式	参加人数	时间安排
科研人员	植物学、鸟类学、生态学、环境学、遥感科学、“3S”集成技术等专业知识和岗位职责、法律法规等	①短期业务培训	5~10	每年2次
		②专家讲座	5~10	每年3次
		③参加学术会议	3	每年2次
		④高等院校进修	3	每2年4个月
		⑤对外考察和交流	3	每年2次

续表

培训对象	培训内容	培训方式	参加人数	时间安排
管理人员	滨海湿地生态、环境保护、岗位职责、法律法规等基础知识	①短期业务培训	5~10	每年2次
		②专家讲座	5~10	每年3次
		③对外考察和交流	2	每年1次
协管员	滨海湿地生态、环境保护、岗位职责、法律法规等基础知识	短期业务培训	5~10	每年2次

5.4.3 宣教中心工程项目

为了更好地宣传、展示自然保护区，向公众宣教自然保护区的保护对象贝壳堤岛、贝类资源、湿地水鸟等科普知识，提高公众保护意识及积极参与体验兴趣，在规划近期实施。

5.5 社区共管工程

社区共管工程计划是争取政府或全球环境基金（Global Environment Facility，GEF）等国际性组织投资以及自然保护区扶持，在自然保护区外围选择一个村落，通过调整产业结构和推广生态农业、生态养殖等优化生态—生产范式技术，发展清洁、高效的生态产业，同时，注重防止生态环境污染、恢复或重建村落及周边退化的植被等，建设一个生态示范村落。在规划近期和远期逐步实施。

5.6 自然保护区周边污染治理

自然保护区周边污染治理主要包括：辖区污染源调查，固体垃圾捡拾清理工程，外来入侵物种调查、监测与防治等工程。

5.6.1 辖区污染源调查

水是湿地赖以维系生存的主要因子。水环境的好坏直接影响甚至威胁着珍稀水禽的生存栖息。滨州贝壳堤岛与湿地国家级自然保护区的淡水水源主要有漳卫新河、马颊河、德惠新河等。每年的监测结果显示，入海口处水体无机氮和磷酸盐含量超标，处于富营养化状态。因此，控制自然保护区来水水质，对于改善自然保护区水环境质量显得尤为重要。

1）点污染源调查

开展辖区内生活污水排放口、养殖污水排放口、工业污水排放口以及雨水排放口的水质调查。

2）非点污染源调查

徒步调查辖区内水土流失、农业污染以及居民日常生活垃圾和废弃物堆放等情况。

3）突发事件污染调查

突发事件污染调查主要包括船体泄漏、沿岸和上游泄漏造成的石油污染、化工产品污染和农药污染以及赤潮灾害等，在规划近期实施。

5.6.2 固体垃圾捡拾清理工程

海洋垃圾问题由来已久，自然保护区近海、海岸也存在以固体垃圾污染为主的此类问题。固体垃圾易于清除，简单可行，只要组织人力定期捡拾就能解决，在规划近期和远期内逐步实施。

5.6.3 外来入侵物种调查、监测与防治

1）制度建设

制定外来入侵生物防治实施办法和工作方案，依据《海洋自然保护区管理技术规范》（GB/T 19571—2004）、《国际湿地公约》的要求，自然保护区内严禁种植互花米草等外来入侵物种。

2）加强辖区内外来入侵物种排查

开展互花米草等外来入侵种调查，对已发现的外来物种入侵进行评估，确定治理方案。

3）外来入侵物种的综合防治

结合滩涂的地形和环境条件，选用适宜的方法（如机械、人工、化学等）去除互花米草等外来入侵物种。然后，通过酸枣、柽柳、碱蓬的恢复种植，占据原外来物种的空间生态位，从而达到控制外来物种的目的，在规划近期和远期内逐步实施。

5.7 科学研究项目

滨州贝壳堤岛与湿地国家级自然保护区刚刚起步，为了使自然保护区的科研工作走上正常轨道并逐步达到预期目标，特别是使贝壳堤岛、湿地的观测研究等能够长期坚持下去并逐步上升到一个更高的层次，规划开展专题研究。

5.7.1 滨州贝壳堤岛与湿地综合监测能力建设提升研究

5.7.1.1 背景

滨州贝壳堤岛与湿地国家级自然保护区是2006年2月经国务院批准成立的，属于海洋自然遗迹类型自然保护区。近年来，随着我国经济的发展，人们对湿地的各种资源需求和利用也相继增加，自然保护区面临着城市开发和农田围垦，各种污染、过度开发和不合理利用等多种因素的破坏和威胁，导致湿地及其生物多样性受到了普遍的威胁和破坏，湿地面积和湿地资源日益减少，功能和效益下降，环境污染。在国家加强生态文明建设和湿地保护的重要战略时期，《中国湿地保护行动计划》《全国生态环境建设规划》和《全国湿地保护工程规划》相继将“湿地资源监测体系建设”确定为优先建设项目领域。因此，对滨州贝壳堤岛与湿地国家级自然保护区建设湿地监测系统以及开展监测工作是十分必要的，也是势在必行的。

5.7.1.2　目标

建立完善的湿地监测系统，逐步实现对自然保护区生态系统的效益监测，掌握自然保护区生态系统动态变化情况，为湿地动态监测以及湿地的恢复与保护提供科学依据。

5.7.1.3　行动

（1）完善监测基础建设；

（2）对监测人员进行专业技术培训，定期对监测设备进行检修；

（3）定期对湿地进行生态动态监测和分析，提出有效的湿地退化解决方案。

5.7.2　范围调整对自然保护区建设、管理与可持续发展影响评估研究

海洋自然保护区为保护海洋环境及其资源，维护海洋生态平衡起到了重要的作用。我国海洋自然保护区的发展起步较晚，选划过程受当时调查水平的限制以及自然环境的变化，现有自然保护区范围可能存在不合理的问题。此外，随着海洋经济的迅速发展，沿海地区相继发布了一系列的发展战略规划，它们出台晚于海洋自然保护区的选划，从而产生了海洋经济发展与海洋环境保护的矛盾。因此，海洋自然保护区调整成为现阶段自然保护区管理不可回避的问题。国务院颁布了《国家级自然保护区范围调整和功能区调整及更改名称管理规定》，该文件对于国家级自然保护区调整的管理提出了具体的要求，但是调整对自然保护区建设、管理与可持续发展的影响还需要进一步研究。

2011 年 3 月 28 日，滨州贝壳堤岛与湿地国家级自然保护区进行了面积、范围及功能区的调整。规划开展调整对自然保护区建设、管理以及可持续发展的影响评价研究，在规划近期实施。

5.7.3　人类活动对保护对象及物源地影响分析研究

人类活动是当前自然保护区保护与管理面临的主要威胁因素之一。

针对不同人类活动的特点，利用地理信息系统和遥感技术，开展自然保护区人类活动类型信息提取，统计分析自然保护区内人类活动的分布现状，结合保护对象贝壳堤和滨海湿地以及保护对象物源地，分析人类活动对其影响及反馈机制，得到针对性强、客观真实的研究成果，最终为管理部门管理和控制区内人类活动决策制定提供数据基础和理论依据，在规划近期实施。

5.7.4 编制《滨州贝壳堤岛与湿地国家级自然保护区地图集》，开发自然保护区地理信息系统

5.7.4.1 背景

随着自然保护区研究和管理工作的不断深入，自然保护区地图的编制已日益受到人们的广泛重视。近年来，在技术上日臻成熟而实用的地理信息系统（GIS）和自然保护区信息系统（NRIS）在我国的自然保护区已得到应用。GIS 是一种计算机支持的系统，是用于对空间数据进行采集、存储、检索、运算、显示和分析综合管理系统。对于自然保护区而言，其信息多以空间数据形式体现，如自然保护区地形地貌、栖息地的分布、自然保护区内不同地点的生物量等。NRIS 是我国一些自然保护区结合自身特点、在 G1S 支持下，用于自然保护区管理的建立和开发的地理信息系统，为自然保护区各管理部门进行决策时提供准确、迅速、及时且动态的数据。随着我国改革开放的深入发展，自然保护区的建设步伐越来越快，面临的问题越来越广阔和复杂。引入高科技手段，建立自己的地理信息系统（GIS）也迫在眉睫。将 GIS 用于自然保护区经营管理，可以为自然保护区自然资源的开发利用与保护提供强有力的工具，更加准确、快捷、及时地为自然保护管理决策提供服务。同时，它标志着自然保护区经营管理工作的科学化和现代化。

5.7.4.2 目标

编制滨州贝壳堤岛与湿地国家级自然保护区自然资源和社会经济状

况以及保护和利用地图，并根据相应的数据库进行 GIS 空间化表达，对自然保护区的自然环境、生物多样性以及社会经济状况等进行数据化管理，利用 GIS 的空间分析功能，进行空间数据的链接、叠加和分析，实现对贝壳堤、滨海湿地生态系统自然资源的综合评价，并根据不同需要建立各种信息的查询系统。

5.7.4.3 行动

（1）根据自然保护区的地理位置图数据、自然保护区内管理站的位置图数据、自然保护区保护管理责任区以及村落联系人的分布数、自然保护区区划图数据等绘制自然保护区管理状况地图，并根据相应的数据库进行 GIS 空间化表达。

（2）根据自然保护区贝壳堤调查、监测结果，编制重要的贝壳堤物源种类、分布等分布图，并根据相应的数据库进行 GIS 空间化表达。

（3）评价自然保护区动植物资源的类型、大小、民间利用现状、直接和间接的经济价值等，编制重要资源现状分布图，并根据相应的数据库进行 GIS 空间化表达。

（4）评价自然保护区内与生态旅游有关的动植物景观、水上景观、人文景观等，规划旅游的景区、景点和路线，编制贝壳堤及观鸟生态旅游规划图，并根据相应的数据库进行 GIS 空间化表达。

（5）规划出“退养还滩”“生态补偿”的地点、面积大小、空间范围以及相应的修复树种、草种，编制滨海湿地生态修复规划图，并根据相应的数据库进行 GIS 空间化表达。

5.7.4.4 时间安排

2016—2020 年。

5.7.5 自然保护区养殖场、盐田等历史遗留问题科学决策支持研究

今已查明自然保护区范围内的绝大部分养殖场、盐田、农业用地、居民点实为自然保护区建区前就已客观存在，这是由自然保护区选划不规范所导致的，此历史遗留问题一直困扰着自然保护区管理局。开展养

殖场、盐田等逐步退出自然保护区范围的科学研究，为自然保护区管理部门和地方政府提供决策支持，在规划近期实施。

5.7.6 传统渔业产业转型问题研究

由于传统渔业、盐业的生产模式较为粗放，大多数养殖池塘、盐田单位产出少，资源利用率低。积极实施“科技兴渔”战略，发展现代高效渔业养殖，转变传统渔业和盐业发展方式，探索产业转型是自然保护区管理部门及地方政府优先考虑的民生问题，在规划近期实施。

5.7.7 海兴核电项目对自然保护区影响的分析与评估研究

海兴核电项目位于河北省海兴县香坊乡境内，紧靠漳卫新河，东距保护区西边界 7~8 km。其冷却水经漳卫新河、大口河口，于自然保护区西侧入海。由此对自然保护区主要保护对象如贝壳堤岛、物源地贝类、滨海湿地鸟类产生影响。需对此影响进行分析与评价研究，在规划远期实施。

5.8 资源利用规划

5.8.1 旅游观光规划

生态旅游是自然保护区合理利用资源的方向之一，是自然保护区可持续发展的重要支撑。对于贝壳堤资源，可以开发“贝壳体验式”观赏活动；针对自然保护区鸟类资源，可开展固定线路的观鸟活动。

（1）观光车及配套设施；

（2）开发保护区观光移动端 App。

在游客游览的同时，通过移动端 App，可以了解到自然保护区内贝壳堤以及鸟类等资源的相关信息。自然保护区管理人员也可以通过移动端 App 掌握游客在自然保护区内的位置信息，对于进入非游览区域的游客，移动端 App 会发出提示，并通知自然保护区相关管理人员，便于管理人员采取相应措施，在规划近期实施。

5.8.2 高效渔业等示范工程

近年来，自然保护区积极配合地方政府实施“科技兴渔”战略，相继在高效渔业、工厂化循环水养殖、工程化池塘养殖等方面为企业取得重大突破提供支持，促进了当地海洋渔业产业全面转型升级条件的逐步成熟。自然保护区为资源合理开发、高效利用的企业公司提供政策支持。

6　实施规划的保障措施

6.1　政策保障

6.1.1　国家与地方相关法律法规

自然保护区是国家通过法律程序把特定的自然地域划出一定的面积，设置管理机构，采取保护措施，使其成为保护、教育、科研的重要基地。为使自然保护区管理和建设走上法制化轨道，国家出台了一系列相关的法律法规。其中包括《中华人民共和国环境保护法》《中华人民共和国海洋环境保护法》《中华人民共和国野生动物保护法》《中华人民共和国自然保护区条例》《中华人民共和国陆生野生动物保护实施条例》等。所有这些法律法规、办法，为滨州贝壳堤岛与湿地国家级自然保护区的总体规划的实施提供了法律依据。

6.1.2　特殊优惠政策

目前，自然保护区管理局正积极争取地方政府的支持并给予自然保护区周边社区减免税的优惠政策，扶持他们开辟新的经济来源，从而减轻对自然保护区资源的压力。自然保护区应优先考虑吸收周边社区群众参与自然保护区的建设、管护及多种经营活动，如招聘并培训他们作自然保护区巡护员，让他们承包服务性行业或某些工程建设项目。

6.1.3　引进资金和人才的政策

自然保护区将制订有效的政策和措施，引进资金和人才，改善自然保护区的内外部环境，调动一切积极因素为自然保护区的建设管理服务，这些政策包括：

（1）鼓励科研单位专家来自然保护区从事研究工作，自然保护区为他们提供交通住宿条件，配备必要的辅助人员，并将他们的科研成果用于保护管理实践中。

（2）鼓励自然保护区职工学习先进的科学技术，为他们提供学习条件，创造良好的工作环境。对积极进取、勇于创新的职工给予奖励和更多的进修机会。

（3）优先改善科技人员的住房和生活条件，以此吸引具有高学历的人才来自然保护区工作。

（4）扩大对外经济合作，以自然保护区丰富的生态科普观光资源优势条件，吸引社会投资建设生态观光基础设施。任何建设项目必须在自然保护区的统一管理和监督下，严格按照环境保护规程的要求进行。

（5）积极争取国际合作项目及援助，建立与国外组织和专家的联系，通过他们打开自然保护区走向世界的大门。

6.2 资金保障

6.2.1 资金使用制度

为了防止项目经费被挪用、占用、浪费，保证项目顺利实施，自然保护区必须制定严格的资金使用规定和程序，接受监督、检查和审计。

（1）成立资金使用管理领导小组，制订财务管理制度，严格账目管理、监督，确保资金有效、合理使用。

（2）增加计划的综合平衡和资金宏观管理能力，合理编制预算，如实反映项目的财务状况，努力节约开支，充分发挥国家投资的导向作用，严格按照下达计划落实配套资金。

（3）项目资金专户储存，专账核算，专款专用，切实加强监督管理。

（4）工程的实施严格按规划设计所需的工程资金进行，不得随意扩大工程规模，实行质量保证制度，提高资金的使用效益。

6.2.2 资金报账制度

资金“报账制”是按照国际惯例引进的改革机制，提高资金的使用效益，采用竞争招标的方式落实和分配工程任务。项目工程初步建设可采用垫支（一般为投资的三分之一）或以工折资的办法保证工程启动，然后按规划设计的要求和计划财务规定下达总投资的其他部分（即总投资的三分之二），这样可以使任务安排与建设单位的实际情况紧密结合，增加年度计划的合理性和科学性，切实保证计划任务的顺利完成。

6.2.3 资金审计和监督制度

（1）要依靠各级审计部门和工程指挥系统对财务收支和物资使用逐一审计，监督检查各项资金运作情况。

（2）所有项目和工程不分资金来源渠道，都必须做到开工前对预算进行审计，不经审计不得开工，竣工后对决算进行审计，不经审计不得和施工单位进行工程结算。

（3）要明确财产和物资各项目的转移、调出、收发、盘盈、盘亏、毁损、报废、淘汰的管理制度和相关手续。

（4）要结合市场价格，分析计算生态科普观光收入和多种经营成本，评价利润。

（5）财务人员必须对项目资金进行有效监督，按《会计法》等有关法律法规行使职权，依法办事。

6.3 组织保障

6.3.1 领导体系

各级政府部门加强自然保护区的行政领导和业务指导，并对自然保护区的建设和发展项目进行监督。

6.3.2 运行机制

根据自然保护区各科室职能分工和工作性质，将自然保护区机构分为四大体系：保护管理体系、科研监测体系、合理利用与发展体系和管理及后勤保障体系。不同的体系采用不同的运行机制和管理模式。

1）保护管理体系

保护管理体系包括资源保护管理科、监管站，主要负责保护、巡护、执法、社区共管、联防等工作。对其实行目标责任制管理，即各科室在年初制定量化工作目标，责任落实到人，年末进行考核，并建立民主评议制度，对干部进行严格的监督。完成任务好的给予精神和物质鼓励，对不能胜任工作的要及时撤换。

2）科研监测体系

科研宣教科主要负责开展科研、实施监测计划、组织科普宣传、为保护体系和管理决策部门及时提供信息和科学依据。其运行机制采用项目管理制，即各部门提出项目计划，经科研宣教科认可后向管理机构领导报批，年终按项目进度考核和检查。

3）合理利用与发展体系

资源保护管理科负责资源保护开发和多种经营。在保护与合理利用自然资源的基础上，按自然保护区的总体规划，负责项目申报、项目资金引进、湿地恢复、水资源的调入与经营、工程建设、区内建设的规划、审批、监督和检查，使自然保护区在管理机构的正确领导下，朝着积极、健康、可持续利用与发展的方向前进。

4）管理及后勤保障体系

办公室负责人事、财务、后勤、党务、工青妇、对外联络农村、企业等工作。其运行机制主要采用岗位责任制，根据任务量定编定岗，实行层层考核制度。

由于自然保护区周边社区经济的发展、日益增加的人口及现行的土地利用格局等问题，为使资源保护、湿地生态功能的充分发挥和周边社区发展经济、提高人民生活水平协调统一，共同促进，在自然保护区管理机构的基础上，建立一套新的管理模式。自然保护区管理局不仅履行对自然保护区资源保护的职责，而且对周边社区的经济发展、农村人口、土地利用等要进行统一协调管理，实现资源保护与社区经济同步发展，资源保护为社区发展创造条件。

6.3.3 定岗定责

自然保护区的岗位责任制应根据管理目标分解落实。但总的原则是要保证保护工作的顺利进行。保护管理体系是自然保护区保护管理的主力军，在岗位确定上要优先给予考虑，为这些部门配备精良的人员。行政管理及后勤部门的岗位应尽量压缩，实行一岗多责、横向兼岗的岗位责任制。经营单位的岗位应根据效益情况和业务发展的需要由经营单位自主确定，除管理人员由管理机构聘任外，其他人员均以合同制方式择优录用。

6.3.4 强化依法行政

（1）建立健全灵活高效的组织机构，完善管理机构职能；加强领导班子建设，提高领导干部的政治理论水平和业务素质。

（2）加强职工思想政治教育，开展广泛的职业教育；加强对职工业务素质和专业技能的培训，不断提高干部职工综合素质和适应市场经济的能力。

（3）建立职工考核和奖惩制度，如实考核每个职工的工作表现、业务能力，对职工中有突出贡献的人员应给予重奖，对有重大过失者给予相应的行政和经济处罚，以激励职工的进取精神，调动工作积极性。

（4）建立健全监督机制，检查监督全体职工执行各项法律法规、规章制度和目标责任制的情况，及时解决管理制度执行过程中出现的问题，对违纪人员要严肃查处，以纯洁队伍，提高整体战斗力。

6.3.5 管理机构和人员编制

根据滨州市机构编制委员会《关于建立滨州贝壳堤岛与湿地国家级自然保护区管理局的批复》（滨编〔2006〕23号）和无棣县委常委会决定事项（〔2008〕1号），无棣县机构编制委员会批准滨州贝壳堤岛与湿地国家级自然保护区管理局为副县级财政拨款事业单位，核定事业编制20人，2014年精简为19人（棣编〔2014〕19号），设局长1人、副局长2人。局机关内部设行政管理科（办公室），副科级，领导职数设1人；科研宣教科，副科级，领导职数设1人；资源保护管理科，副科级，领导职数设1人。下设中国海监滨州贝壳堤岛与湿地国家级自然保护区支队，副科级，领导职数1人；大口河监管站，副科级，领导职数1人；汪子岛监管站，副科级，领导职数1人。

6.4 人才保障

6.4.1 坚持竞争上岗

自然保护区的每一个岗位都应通过公开竞争招聘上岗。在保护目标与国家法律、法规及有关文件精神一致的前提下，根据自然保护区的实际需要，确定招聘条件；坚持民主、公开、透明、公平的竞争原则，将合适的人安排到合适的岗位上；实行优胜劣汰，建立起长久的人才流动机制；积极为社会下岗职工提供再就业机会、培训机会，帮助他们找到适合自己的工作。

6.4.2 实行岗位培训

自然保护区各岗位人员上岗前均要进行岗位培训。自然保护区可组织职工参加国家、省级和上级主管部门组织的专业培训；聘请有关部门有经验的岗位人员到自然保护区对职工进行岗前培训；组织职工到外地参观学习，为职工提供学习机会；鼓励职工在职学习深造，提高理论水平和实际工作能力。

对国家有明确要求需持证上岗的有关岗位，如司机、财务人员等岗位坚决执行国家有关政策，不讲关系，不走后门。自然保护区其他岗位，均要明确岗位职责，确立有关上岗的考核指标。

6.4.3 岗位激励机制

(1) 实行能者上岗、庸者下岗制度。建立激励机制，制定相应的奖惩制度。

(2) 从事保护管理工作的岗位人员，实行目标责任制考核工资，将工作人员的考核业绩和工资挂起钩来。

(3) 对发表科研论文，取得显著科研成果，有创新或新发现的科研人员给予物质奖励和精神鼓励。

(4) 从事经营开发工作的岗位人员，从管理岗位到普通职工全部实行效益工资制，将工作人员的工资和经营业绩结合起来。

(5) 组织评模范、评先进活动，对于先进人物应树立榜样，同时给予物质和精神的奖励。

(6) 对取得突出贡献的工作人员要在工资待遇、科研经费分配、参观学习等方面给予优惠。

6.5 管理保障

自然保护区管理局需要建立一个与自然保护区管理要求相适应的管理体制，加强自然保护区管理方面的协调与合作，明确分工，合作办事，形成合力，使各部门之间有序、有效地承担起相应的保护管理和建设工作。

自然保护区管理局在自然保护区的管理和建设中，坚持吸纳社区干部群众意见，把群众的切身利益放在重要位置，依靠保护区的自然资源优势，调整产业结构，促进社区经济增长。自然保护区管理局请水产专家对社区群众进行生态养殖和设施渔业技术培训。

附表

附表 1　保护区范围界址拐点坐标（CGCS2000 坐标）

序号	拐点	经度	纬度	序号	拐点	经度	纬度
1	A1	117°58′11. 29″	38°21′06. 06″	30	A30	117°54′39. 30″	38°04′27. 89″
2	A2	117°59′15. 28″	38°20′30. 12″	31	A31	117°54′02. 17″	38°04′09. 98″
3	A3	118°00′05. 88″	38°19′34. 28″	32	A32	117°53′09. 63″	38°04′08. 93″
4	A4	118°01′34. 89″	38°19′00. 37″	33	A33	117°52′52. 58″	38°03′41. 16″
5	A5	118°04′10. 62″	38°18′42. 10″	34	A34	117°51′24. 51″	38°02′51. 04″
6	A6	118°05′42. 95″	38°18′13. 85″	35	A35	117°48′12. 17″	38°03′26. 93″
7	A7	117°59′24. 59″	38°11′38. 97″	36	A36	117°47′31. 91″	38°03′59. 20″
8	A8	117°59′18. 38″	38°10′38. 97″	37	A37	117°46′50. 31″	38°04′18. 77″
9	A9	117°59′30. 67″	38°09′47. 72″	38	A38	117°47′35. 45″	38°05′30. 65″
10	A10	117°59′15. 11″	38°09′04. 05″	39	A39	117°47′13. 72″	38°05′46. 09″
11	A11	117°58′41. 69″	38°08′11. 21″	40	A40	117°50′35. 96″	38°08′09. 35″
12	A12	117°57′40. 25″	38°07′49. 60″	41	A41	117°48′43. 28″	38°09′12. 42″
13	A13	117°56′53. 58″	38°07′55. 61″	42	A42	117°47′25. 88″	38°09′25. 08″
14	A14	117°56′38. 56″	38°07′54. 13″	43	A43	117°48′13. 28″	38°10′10. 28″
15	A15	117°56′31. 65″	38°07′50. 12″	44	A44	117°48′07. 83″	38°11′26. 74″
16	A16	117°56′03. 38″	38°07′08. 48″	45	A45	117°51′25. 21″	38°13′53. 05″
17	A17	117°55′39. 52″	38°06′54. 96″	46	A46	117°51′31. 40″	38°14′07. 84″
18	A18	117°55′40. 00″	38°06′45. 45″	47	A47	117°51′40. 41″	38°15′22. 77″
19	A19	117°56′03. 18″	38°06′03. 18″	48	A48	117°51′35. 75″	38°15′25. 22″
20	A20	117°55′43. 10″	38°05′57. 81″	49	A49	117°51′39. 98″	38°15′59. 04″
21	A21	117°55′38. 90″	38°05′50. 67″	50	A50	117°51′42. 70″	38°15′60. 00″
22	A22	117°55′47. 67″	38°05′24. 67″	51	A51	117°51′42. 24″	38°16′01. 28″
23	A23	117°55′46. 09″	38°05′16. 01″	52	A52	117°51′37. 00″	38°16′01. 76″
24	A24	117°55′21. 71″	38°04′48. 31″	53	A53	117°51′37. 06″	38°15′59. 33″
25	A25	117°55′13. 28″	38°04′45. 75″	54	A54	117°51′32. 19″	38°15′55. 84″
26	A26	117°54′49. 41″	38°04′59. 53″	55	A55	117°51′20. 52″	38°15′55. 94″
27	A27	117°54′40. 84″	38°04′59. 11″	56	A56	117°51′06. 44″	38°15′51. 78″
28	A28	117°54′34. 50″	38°04′51. 42″	57	A57	117°50′58. 53″	38°15′56. 09″
29	A29	117°54′41. 89″	38°04′36. 36″	58	A58	117°51′32. 20″	38°16′41. 26″

附表 2　保护区功能区边界拐点坐标

附表 2. 1　核心区边界拐点坐标（CGCS2000 坐标）

序号	拐点	经度	纬度	序号	拐点	经度	纬度
1	C1	117°51′30. 89″	38°16′06. 35″	12	C12	117°56′30. 80″	38°10′55. 44″
2	C2	117°51′48. 90″	38°16′28. 73″	13	C13	117°53′59. 55″	38°11′49. 22″
3	C3	117°55′59. 45″	38°19′09. 36″	14	C14	117°54′22. 70″	38°12′36. 50″
4	C4	118°02′56. 86″	38°16′20. 82″	15	C15	117°52′06. 05″	38°13′23. 43″
5	C5	117°58′58. 88″	38°11′32. 37″	16	C16	117°52′35. 81″	38°14′20. 48″
6	C6	117°58′51. 80″	38°11′21. 39″	17	C17	117°52′50. 35″	38°14′53. 92″
7	C7	117°58′40. 76″	38°10′56. 63″	18	C18	117°51′57. 60″	38°15′13. 87″
8	C8	117°58′38. 15″	38°10′36. 25″	19	C19	117°52′05. 21″	38°15′46. 55″
9	C9	117°58′31. 38″	38°10′32. 54″	20	A50	117°51′42. 70″	38°15′60. 00″
10	C10	117°57′45. 79″	38°10′29. 50″	21	A51	117°51′42. 24″	38°16′01. 28″
11	C11	117°57′22. 63″	38°10′29. 52″	22	A52	117°51′37. 00″	38°16′01. 76″

附表 2.2 缓冲区边界拐点坐标（CGCS2000 坐标）

序号	拐点	经度	纬度	序号	拐点	经度	纬度
1	A1	117°58′11.29″	38°21′06.06″	22	B14	117°50′00.80″	38°09′03.82″
2	A2	117°59′15.28″	38°20′30.12″	23	B15	117°50′13.12″	38°09′21.72″
3	A3	118°00′05.88″	38°19′34.28″	24	B16	117°49′55.92″	38°09′28.95″
4	A4	118°01′34.89″	38°19′00.37″	25	B17	117°49′26.62″	38°09′17.04″
5	A5	118°04′10.62″	38°18′42.10″	26	B18	117°49′11.73″	38°09′27.21″
6	A6	118°05′42.95″	38°18′13.85″	27	B19	117°50′13.88″	38°11′02.88″
7	A7	117°59′24.59″	38°11′38.97″	28	B20	117°48′25.75″	38°11′40.02″
8	A8	117°59′18.38″	38°10′38.97″	29	A45	117°51′25.21″	38°13′53.05″
9	B1	117°59′23.09″	38°10′19.32″	30	A46	117°51′31.40″	38°14′07.84″
10	B2	117°55′48.19″	38°09′53.93″	31	A47	117°51′40.41″	38°15′22.77″
11	B3	117°55′41.68″	38°10′10.03″	32	A48	117°51′35.75″	38°15′25.22″
12	B4	117°54′36.14″	38°10′25.25″	33	A49	117°51′39.98″	38°15′59.04″
13	B5	117°53′55.07″	38°10′10.74″	34	A50	117°51′42.70″	38°15′60.00″
14	B6	117°53′58.65″	38°09′51.80″	35	A51	117°51′42.24″	38°16′01.28″
15	B7	117°53′32.95″	38°09′35.92″	36	A52	117°51′37.00″	38°16′01.76″
16	B8	117°53′11.64″	38°09′37.15″	37	A53	117°51′37.06″	38°15′59.33″
17	B9	117°52′48.48″	38°09′23.14″	38	A54	117°51′32.19″	38°15′55.84″
18	B10	117°52′33.48″	38°08′56.44″	39	A55	117°51′20.52″	38°15′55.94″
19	B11	117°51′42.42″	38°08′26.77″	40	A56	117°51′06.44″	38°15′51.78″
20	B12	117°51′30.67″	38°08′31.88″	41	A57	117°50′58.53″	38°15′56.09″
21	B13	117°50′49.28″	38°08′42.67″	42	A58	117°51′32.20″	38°16′41.26″

附表 2.3　实验区边界拐点坐标（CGCS2000 坐标）

序号	拐点	经度	纬度	序号	拐点	经度	纬度
1	A9	117°59′30.67″	38°09′47.72″	29	A37	117°46′50.31″	38°04′18.77″
2	A10	117°59′15.11″	38°09′04.05″	30	A38	117°47′35.45″	38°05′30.65″
3	A11	117°58′41.69″	38°08′11.21″	31	A39	117°47′13.72″	38°05′46.09″
4	A12	117°57′40.25″	38°07′49.60″	32	A40	117°50′35.96″	38°08′09.35″
5	A13	117°56′53.58″	38°07′55.61″	33	A41	117°48′43.28″	38°09′12.42″
6	A14	117°56′38.56″	38°07′54.13″	34	A42	117°47′25.88″	38°09′25.08″
7	A15	117°56′31.65″	38°07′50.12″	35	A43	117°48′13.28″	38°10′10.28″
8	A16	117°56′03.38″	38°07′08.48″	36	A44	117°48′07.83″	38°11′26.74″
9	A17	117°55′39.52″	38°06′54.96″	37	B20	117°48′25.75″	38°11′40.02″
10	A18	117°55′40.00″	38°06′45.45″	38	B19	117°50′13.88″	38°11′02.88″
11	A19	117°56′03.18″	38°06′03.18″	39	B18	117°49′11.73″	38°09′27.21″
12	A20	117°55′43.10″	38°05′57.81″	40	B17	117°49′26.62″	38°09′17.04″
13	A21	117°55′38.90″	38°05′50.67″	41	B16	117°49′55.92″	38°09′28.95″
14	A22	117°55′47.67″	38°05′24.67″	42	B15	117°50′13.12″	38°09′21.72″
15	A23	117°55′46.09″	38°05′16.01″	43	B14	117°50′00.80″	38°09′03.82″
16	A24	117°55′21.71″	38°04′48.31″	44	B13	117°50′49.28″	38°08′42.67″
17	A25	117°55′13.28″	38°04′45.75″	45	B12	117°51′30.67″	38°08′31.88″
18	A26	117°54′49.41″	38°04′59.53″	46	B11	117°51′42.42″	38°08′26.77″
19	A27	117°54′40.84″	38°04′59.11″	47	B10	117°52′33.48″	38°08′56.44″
20	A28	117°54′34.50″	38°04′51.42″	48	B9	117°52′48.48″	38°09′23.14″
21	A29	117°54′41.89″	38°04′36.36″	49	B8	117°53′11.64″	38°09′37.15″
22	A30	117°54′39.30″	38°04′27.89″	50	B7	117°53′32.95″	38°09′35.92″
23	A31	117°54′02.17″	38°04′09.98″	51	B6	117°53′58.65″	38°09′51.80″
24	A32	117°53′09.63″	38°04′08.93″	52	B5	117°53′55.07″	38°10′10.74″
25	A33	117°52′52.58″	38°03′41.16″	53	B4	117°54′36.14″	38°10′25.25″
26	A34	117°51′24.51″	38°02′51.04″	54	B3	117°55′41.68″	38°10′10.03″
27	A35	117°48′12.17″	38°03′26.93″	55	B2	117°55′48.19″	38°09′53.93″
28	A36	117°47′31.91″	38°03′59.20″	56	B1	117°59′23.09″	38°10′19.32″

附表3　保护区贝类资源名录

序号	种名	拉丁名	门	纲	目	科	属
1	文蛤	*Meretrix meretrix*	软体动物门	瓣鳃纲	帘蛤目	帘蛤科	文蛤属
2	蓝蛤	*Potamocorbula laevis*	软体动物门	瓣鳃纲	海螂目	蓝蛤科	蓝蛤属
3	日本镜蛤	*Dosinorbis japonica*	软体动物门	双壳纲	帘蛤目	帘蛤科	镜蛤属
4	青蛤	*Cyclina sinensis*	软体动物门	双壳纲	帘蛤目	帘蛤科	帘蛤属
5	中国蛤蜊	*Mactra chinensis*	软体动物门	双壳纲	帘蛤目	马珂蛤科	马珂蛤属
6	四角蛤蜊	*Mactra veneriformis*	软体动物门	双壳纲	帘蛤目	马珂蛤科	马珂蛤属
7	毛蚶	*Scapharca subcrenata*	软体动物门	双壳纲	列齿目	蚶科	毛蚶属
8	竹蛏	*Solen strictus*	软体动物门	双壳纲	真瓣鳃目	竹蛏科	竹蛏属
9	长竹蛏	*Solen grandis*	软体动物门	双壳纲	真瓣鳃目	竹蛏科	竹蛏属
10	纵肋织纹螺	*Nassarius variciferus*	软体动物门	腹足纲	新腹足目	织纹螺科	织纹螺属
11	红带织纹螺	*Nassarius succinctus*	软体动物门	腹足纲	新腹足目	织纹螺科	织纹螺属
12	脉红螺	*Rapana venosa*	软体动物门	腹足纲	狭舌目	骨螺科	红螺属
13	白带三角口螺	*Trigonaphera bocageana*	软体动物门	腹足纲	狭舌目	衲螺科	三角口螺属
14	秀丽织纹螺	*Nassarius festivus*	软体动物门	腹足纲	狭舌目	织纹螺科	织纹螺属
15	朝鲜笋螺	*Terebra koreana*	软体动物门	腹足纲	狭舌目	笋螺科	笋螺属
16	扁玉螺	*Glossaulax didyma*	软体动物门	腹足纲	异足目	玉螺科	玉螺属
17	微黄镰玉螺	*Polinices fortunei*	软体动物门	腹足纲	异足目	玉螺科	玉螺属
18	托氏昌螺	*Umbonium thomasi*	软体动物门	腹足纲	异足目	马蹄螺科	马蹄螺属
19	泥螺	*Bullacta exarata*	软体动物门	腹足纲	后鳃目	阿地螺	泥螺属

附表 4 保护区植物名录

序号	种名	拉丁名	门	纲	目	科	属
1	节节草	*Equisetum ramosissimum*	蕨类植物门	木贼纲	木贼目	木贼科	木贼属
2	草麻黄	*Ephedra sinica Stapf*	裸子植物门	盖子植物纲	麻黄目	麻黄科	麻黄属
3	茴茴蒜	*Ranunculus chinensis*	被子植物门	木兰纲	毛茛目	毛茛科	毛茛属
4	葎草	*Humulus scandens*	被子植物门	木兰纲	荨麻目	桑科	葎草属
5	滨藜	*Atriplex patens*	被子植物门	木兰纲	石竹目	藜科	滨藜属
6	中亚滨藜	*Atriplex centralasiatica*	被子植物门	木兰纲	石竹目	藜科	滨藜属
7	碱蓬	*Suaeda glauca*	被子植物门	木兰纲	石竹目	藜科	碱蓬属
8	盐地碱蓬	*Suaeda salsa*	被子植物门	木兰纲	石竹目	藜科	碱蓬属
9	东亚市藜	*Chenopodium urbicum subsp. Sinicum*	被子植物门	木兰纲	石竹目	藜科	藜属
10	灰绿藜	*Chenopodium glaucum*	被子植物门	木兰纲	石竹目	藜科	藜属
11	小藜	*Chenopodium serotinum*	被子植物门	木兰纲	石竹目	藜科	藜属
12	藜	*Chenopodium album*	被子植物门	木兰纲	石竹目	藜科	藜属
13	刺沙蓬	*Salsola ruthenica*	被子植物门	木兰纲	石竹目	藜科	猪毛菜属
14	猪毛菜	*Salsola collina*	被子植物门	木兰纲	石竹目	藜科	猪毛菜属
15	北美海蓬子	Salicornia bigelovii	被子植物门	木兰纲	石竹目	藜科	盐角草属
16	盐角草	*Salicornia europaea*	被子植物门	木兰纲	石竹目	藜科	盐角草属
17	地肤	*Kochia scoparia*	被子植物门	木兰纲	石竹目	藜科	地肤属
18	碱地肤	*Kochia scoparia var. sieversiana*	被子植物门	木兰纲	石竹目	藜科	地肤属
19	莲子草	*Alternanthera sessilis*	被子植物门	木兰纲	石竹目	苋科	莲子草属
20	马齿苋	*Portulaca oleracea*	被子植物门	木兰纲	石竹目	马齿苋科	马齿苋属
21	鹅肠菜（牛繁缕）	*Myosoton aquaticum*	被子植物门	木兰纲	石竹目	石竹科	鹅肠菜属
22	石竹	*Dianthus chinensis*	被子植物门	木兰纲	石竹目	石竹科	石竹属

续表

序号	种名	拉丁名	门	纲	目	科	属
23	扁蓄	*Polygonum aviculare*	被子植物门	木兰纲	蓼目	蓼科	蓼属
24	水蓼	*Polygonum hydropiper*	被子植物门	木兰纲	蓼目	蓼科	蓼属
25	巴天酸模	*Rumex patientia*	被子植物门	木兰纲	蓼目	蓼科	酸模属
26	二色补血草	*Limonium bicolor*	被子植物门	木兰纲	白花丹目	白花丹科	补血草属
27	苘麻	*Abutilon theophrasti*	被子植物门	木兰纲	锦葵目	锦葵科	苘麻属
28	野西瓜苗	*Hibiscus trionum*	被子植物门	木兰纲	锦葵目	锦葵科	木槿属
29	紫花地丁	*Viola philippica*	被子植物门	木兰纲	堇菜目	堇菜科	堇菜属
30	柽柳	*Tamarix chinensis*	被子植物门	木兰纲	堇菜目	柽柳科	柽柳属
31	旱柳	*Salix matsudana*	被子植物门	木兰纲	杨柳目	杨柳科	柳属
32	杞柳	*Salix integra*	被子植物门	木兰纲	杨柳目	杨柳科	柳属
33	播娘蒿	*Descurainia sophia*	被子植物门	木兰纲	白花菜目	十字花科	播娘蒿属
34	荠菜	*Capsella bursa-pastoris*	被子植物门	木兰纲	白花菜目	十字花科	荠属
35	小花糖芥	*Erysimum cheiranthoides*	被子植物门	木兰纲	白花菜目	十字花科	糖芥属
36	盐芥	*Thellungiella salsuginea*	被子植物门	木兰纲	白花菜目	十字花科	盐芥属
37	朝天委陵菜	*Potentilla supina*	被子植物门	木兰纲	蔷薇目	蔷薇科	委陵菜属
38	黄花草木樨	*Melilotus officinalis*	被子植物门	木兰纲	豆目	豆科	草木犀属
39	白车轴草	*Trifolium repens*	被子植物门	木兰纲	豆目	豆科	车轴草属
40	野大豆	*Glycine soja*	被子植物门	木兰纲	豆目	豆科	大豆属
41	刺果甘草	*Glycyrrhiza pallidiflora*	被子植物门	木兰纲	豆目	豆科	甘草属
42	甘草	*Glycyrrhiza uralensis*	被子植物门	木兰纲	豆目	豆科	甘草属
43	直立黄芪（斜茎黄芪）	*Astragalus adsurgens*	被子植物门	木兰纲	豆目	豆科	黄耆属
44	千屈菜	*Lythrum salicaria*	被子植物门	木兰纲	桃金娘目	千屈菜科	千屈菜属
45	石榴	*Punica granatum*	被子植物门	木兰纲	桃金娘目	石榴科	石榴属
46	大戟	*Euphorbia pekinensis*	被子植物门	木兰纲	大戟目	大戟科	大戟属
47	猫眼草	*Euphorbialunulata*	被子植物门	木兰纲	大戟目	大戟科	大戟属
48	铁苋菜	*Acalyphaanstralis*	被子植物门	木兰纲	大戟目	大戟科	铁苋菜属
49	酸枣	*Ziziphus jujuba var. spinosa*	被子植物门	木兰纲	鼠李目	鼠李科	枣属
50	山葡萄	*Vitis amurensis*	被子植物门	木兰纲	鼠李目	葡萄科	葡萄属

续表

序号	种名	拉丁名	门	纲	目	科	属
51	白蔹	*Ampelopsis japonica*	被子植物门	木兰纲	鼠李目	葡萄科	蛇葡萄属
52	乌蔹莓	*Cayratia japonica*	被子植物门	木兰纲	鼠李目	葡萄科	乌蔹莓属
53	臭椿	*Ailanthus altissima*	被子植物门	木兰纲	无患子目	苦木科	臭椿属
54	白刺	*Nitraria tangutorum*	被子植物门	木兰纲	无患子目	蒺藜科	白刺属
55	小果白刺	*Nitraria sibirica*	被子植物门	木兰纲	无患子目	蒺藜科	白刺属
56	蒺藜	*Tribulus terrestris*	被子植物门	木兰纲	无患子目	蒺藜科	蒺藜属
57	酢浆草	*Oxalis corniculata*	被子植物门	木兰纲	牻牛儿苗目	酢浆草科	酢浆属
58	牻牛儿苗	*Erodium stephanianum*	被子植物门	木兰纲	牻牛儿苗目	牻牛儿苗科	牻牛儿苗属
59	蛇床	*Cnidium monnieri*	被子植物门	木兰纲	伞形目	伞形科	蛇床属
60	罗布麻	*Apocynum venetum*	被子植物门	木兰纲	龙胆目	夹竹桃科	罗布麻属
61	鹅绒藤	*Cynanchum chinense*	被子植物门	木兰纲	龙胆目	萝藦科	鹅绒藤属
62	杠柳	*Periploca sepium*	被子植物门	木兰纲	龙胆目	萝藦科	杠柳属
63	萝藦	*Metaplexis japonica*	被子植物门	木兰纲	龙胆目	萝藦科	萝藦属
64	枸杞	*Lycium chinense*	被子植物门	木兰纲	茄目	茄科	枸杞属
65	曼陀罗	*Datura stramonium*	被子植物门	木兰纲	茄目	茄科	曼陀罗属
66	龙葵	*Solanum nigrum*	被子植物门	木兰纲	茄目	茄科	茄属
67	打碗花	*Calystegia hederacea*	被子植物门	木兰纲	茄目	旋花科	打碗花属
68	牵牛	*Ipomoea nil*	被子植物门	木兰纲	茄目	旋花科	番薯属
69	田旋花	*Convolvulus arvensis*	被子植物门	木兰纲	茄目	旋花科	旋花属
70	菟丝子	*Cuscuta chinensis*	被子植物门	木兰纲	茄目	菟丝子科	菟丝子属
71	砂引草	*Messerschmidia sibirica*	被子植物门	木兰纲	唇形目	紫草科	砂引草属
72	细叶砂引草	*Messerschmidia sibirica* var. *angustior*	被子植物门	木兰纲	唇形目	紫草科	砂引草属
73	附地菜	*Trigonotis peduncularis*	被子植物门	木兰纲	唇形目	紫草科	附地菜属
74	单叶蔓荆	*Vitex trifolia* var. *simplicifolia*	被子植物门	木兰纲	唇形目	马鞭草科	牡荆属
75	蔓荆	*Vitex trifolia*	被子植物门	木兰纲	唇形目	马鞭草科	牡荆属
76	黄荆	*Vitex negundo*	被子植物门	木兰纲	唇形目	马鞭草科	牡荆属

续表

序号	种名	拉丁名	门	纲	目	科	属
77	荆条	*Vitex negundo var. heterophylla*	被子植物门	木兰纲	唇形目	马鞭草科	牡荆属
78	夏枯草	*Prunella vulgaris*	被子植物门	木兰纲	唇形目	唇形科	夏枯草属
79	夏至草	*Lagopsis supina*	被子植物门	木兰纲	唇形目	唇形科	夏至草属
80	益母草	*Leonurus artemisia*	被子植物门	木兰纲	唇形目	唇形科	益母草属
81	长叶车前	*Plantago lanceolata*	被子植物门	木兰纲	车前目	车前科	车前属
82	车前	*Plantago asiatica*	被子植物门	木兰纲	车前目	车前科	车前属
83	大车前	*Plantago major*	被子植物门	木兰纲	车前目	车前科	车前属
84	平车前	*Plantago depressa*	被子植物门	木兰纲	车前目	车前科	车前属
85	白蜡	*Fraxinus chinensis*	被子植物门	木兰纲	玄参目	木犀科	梣属
86	白丁香	*Syringa oblata var. alba*	被子植物门	木兰纲	玄参目	木犀科	丁香属
87	紫丁香	*Syringa oblata*	被子植物门	木兰纲	玄参目	木犀科	丁香属
88	地黄	*Rehmannia glutinosa*	被子植物门	木兰纲	玄参目	玄参科	地黄属
89	毛地黄	*Digitalis purpurea*	被子植物门	木兰纲	玄参目	玄参科	毛地黄属
90	茜草	*Rubia cordifolia*	被子植物门	木兰纲	茜草目	茜草科	茜草属
91	小蓬草	*Conyza canadensis*	被子植物门	木兰纲	菊目	菊科	白酒草属
92	苍耳	*Xanthium sibiricum*	被子植物门	木兰纲	菊目	菊科	苍耳属
93	白蒿	*Artimisia Sieversianae*	被子植物门	木兰纲	菊目	菊科	蒿属
94	艾	*Artemisia argyi*	被子植物门	木兰纲	菊目	菊科	蒿属
95	黄花蒿	*Artemisia annua*	被子植物门	木兰纲	菊目	菊科	蒿属
96	碱蒿	*Artemisia anethifolia*	被子植物门	木兰纲	菊目	菊科	蒿属
97	猪毛蒿	*Artemisia scoparia*	被子植物门	木兰纲	菊目	菊科	蒿属
98	刺儿菜	*Cirsium segetum*	被子植物门	木兰纲	菊目	菊科	蓟属
99	大刺儿菜	*Cirsium setosum*	被子植物门	木兰纲	菊目	菊科	蓟属
100	蓟	*Cirsium japonicum*	被子植物门	木兰纲	菊目	菊科	蓟属
101	全叶马兰	*Kalimeris integrifolia*	被子植物门	木兰纲	菊目	菊科	马兰属
102	向日葵	*Helianthus annuus*	被子植物门	木兰纲	菊目	菊科	向日葵属
103	旋覆花	*Inula japonica*	被子植物门	木兰纲	菊目	菊科	旋覆花属
104	鳢肠	*Eclipta prostrata*	被子植物门	木兰纲	菊目	菊科	鳢肠属
105	蒙古鸦葱	*Scorzonera mongolica*	被子植物门	木兰纲	菊目	菊科	鸦葱属

续表

序号	种名	拉丁名	门	纲	目	科	属
106	苦苣菜	*Sonchus oleraceus*	被子植物门	木兰纲	菊目	菊科	苦苣菜属
107	苣荬菜	*Sonchus arvensis*	被子植物门	木兰纲	菊目	菊科	苦苣菜属
108	花叶滇苦菜（续断菊）	*Sonchus asper*	被子植物门	木兰纲	菊目	菊科	苦苣菜属
109	剪刀股	*Ixeris japonica*	被子植物门	木兰纲	菊目	菊科	苦荬菜属
110	苦荬菜	*Ixeris polycephala*	被子植物门	木兰纲	菊目	菊科	苦荬菜属
111	中华小苦荬	*Ixeridium chinense*	被子植物门	木兰纲	菊目	菊科	小苦荬属
112	蒲公英	*Taraxacum mongolicum*	被子植物门	木兰纲	菊目	菊科	蒲公英属
113	眼子菜	*Potamogeton distinctus*	被子植物门	百合纲	茨藻目	眼子菜科	眼子菜属
114	半夏	*Pinellia ternata*	被子植物门	百合纲	天南星目	天南星科	半夏属
115	菖蒲	*Acorus calamus*	被子植物门	百合纲	天南星目	天南星科	菖蒲属
116	水竹叶	*Murdannia triquetra*	被子植物门	百合纲	鸭跖草目	鸭跖草科	水竹叶属
117	鸭跖草	*Commelina communis*	被子植物门	百合纲	鸭跖草目	鸭跖草科	鸭跖草属
118	灯心草	*Juncus effusus*	被子植物门	百合纲	灯芯草目	灯芯草科	灯心草属
119	香附子	*Cyperus rotundus*	被子植物门	百合纲	莎草目	莎草科	莎草属
120	稗	*Echinochloa crusgalli*	被子植物门	百合纲	莎草目	禾本科	稗属
121	拂子茅	*Calamagrostis epigeios*	被子植物门	百合纲	莎草目	禾本科	拂子茅属
122	假苇拂子茅	*Calamagrostis pseudophragmites*	被子植物门	百合纲	莎草目	禾本科	拂子茅属
123	狗尾草	*Setaria viridis*	被子植物门	百合纲	莎草目	禾本科	狗尾草属
124	虎尾草	*Chloris virgata*	被子植物门	百合纲	莎草目	禾本科	虎尾草属
125	大穗结缕草	*Zoysia macrostachya*	被子植物门	百合纲	莎草目	禾本科	结缕草属
126	结缕草	*Zoysia japonica*	被子植物门	百合纲	莎草目	禾本科	结缕草属
127	中华结缕草	*Zoysia sinica*	被子植物门	百合纲	莎草目	禾本科	结缕草属
128	芦苇	*Phragmites australis*	被子植物门	百合纲	莎草目	禾本科	芦苇属
129	大米草	*Spartina anglica*	被子植物门	百合纲	莎草目	禾本科	米草属
130	牛鞭草	*Hemarthria altissima*	被子植物门	百合纲	莎草目	禾本科	牛鞭草属
131	獐毛	*Aeluropus littoralis*	被子植物门	百合纲	莎草目	禾本科	獐毛属
132	香蒲	*Typha orientalis*	被子植物门	百合纲	香蒲目	香蒲科	香蒲属
133	天门冬	*Asparagus cochinchinensis*	被子植物门	百合纲	百合目	百合科	天门冬属

附表5　保护区鸟类名录

序号	物种名	拉丁名	IUCN	CITES	中外候鸟保护协定	国家重点保护等级	三有保护鸟类	山东省重点保护	居留型
一	䴙䴘目	Podicipediformes							
1	䴙䴘科	Podicipedidae							
(1)	小䴙䴘	*Tachybaptus ruficollis*					※		留鸟
二	鹈形目	Pelecaniformes							
2	鸬鹚科	Phalacrocoracidae							
(2)	普通鸬鹚	*Phalacrocorax carbo*			中美		※	√	夏候鸟
三	鹳形目	Ciconiformes							
3	鹭科	Ardeidae							
(3)	［小］白鹭	*Egretta garzetta*					※	√	夏候鸟
(4)	中白鹭	*Egretta intermedia*			中日		※	√	夏候鸟
(5)	大白鹭	*Casmerodius albus*			中澳、中日		※	√	夏候鸟
(6)	苍鹭	*Ardea cinerea*					※	√	留鸟
(7)	牛背鹭	*Bubulcus coromandus*			中澳、中日、中美		※	√	夏候鸟
4	鹳科	Ciconiidae							
(8)	东方白鹳	*Ciconia boyciana*	EN	I	中日	I	※		旅鸟
四	雁形目	Anseriformes							

续表

序号	物种名	拉丁名	IUCN	CITES	中外候鸟保护协定	国家重点保护等级	三有保护鸟类	山东省重点保护	居留型
5	鸭科	Anatidae							
(9)	赤麻鸭	*Tadorna ferruginea*			中日		※		冬候鸟
(10)	翘鼻麻鸭	*Tadorna tadorna*			中日		※		旅鸟
(11)	鹊鸭	*Bucephala clangula*			中日		※		冬候鸟
五	鸻形目	Charadriiformes							
6	鸻科	Charadriidae							
(12)	环颈鸻	*Charadrius alexandrinus*			中美		※		夏候鸟
(13)	灰鸻	*Pluvialis squatarola*			中澳、中日、中美		※		夏候鸟
(14)	金眶鸻	*Charadrius dubius*			中澳		※		夏候鸟
(15)	铁嘴沙鸻	*Charadrius leschenaultii*			中澳、中日		※		夏候鸟
(16)	蒙古沙鸻	*Charadrius mongolus*			中澳、中日、中美		※		夏候鸟
(17)	灰头麦鸡	*Vanellus cinereus*			中日、中美		※		旅鸟
7	蛎鹬科	Haematopodidae							
(18)	蛎鹬	*Haematopus ostralegus*			中日		※	√	夏候鸟
8	反嘴鹬科	Recurvirostridae							
(19)	反嘴鹬	*Recurvirostra avocetta*			中日		※	√	旅鸟
(20)	黑翅长脚鹬	*Himantopus himantopus*			中日		※		夏候鸟

续表

序号	物种名	拉丁名	IUCN	CITES	中外候鸟保护协定	国家重点保护等级	三有保护鸟类	山东省重点保护	居留型
9	鹬科	Scoipacidae							
(21)	青脚鹬	*Tringa nebularia*			中澳、中日、中美		※		旅鸟
(22)	黑尾塍鹬	*Limosa limosa*			中澳、中日		※		旅鸟
(23)	斑尾塍鹬	*Limosa lapponica*			中澳、中日		※		旅鸟
(24)	白腰杓鹬	*Numenius arquata*			中澳、中日、中美		※	√	旅鸟
(25)	小杓鹬	*Numenius minutus*			中澳	Ⅱ	※		旅鸟
(26)	中杓鹬	*Numenius phaeopus*			中澳、中日、中美		※		旅鸟
(27)	大杓鹬	*Numenius madagascariensis*	EN		中澳、中日、中美		※		旅鸟
(28)	翘嘴鹬	*Xenus cinereus*			中澳、中日		※		旅鸟
(29)	孤沙锥	*Gallinago solitaria*			中日		※		旅鸟
(30)	红腹滨鹬	*Calidriscanutus*			中澳、中日		※		旅鸟
(31)	黑腹滨鹬	*Calidris alpina*			中澳、中日、中美		※		旅鸟
(32)	青脚滨鹬	*Calidristemminckii*			中日		※		旅鸟
(33)	尖尾滨鹬	*Calidris acuminata*			中澳、中日		※		旅鸟
(34)	红颈瓣蹼鹬	*Phalaropus lobatus*			中澳、中日		※	√	旅鸟
(35)	红脚鹬	*Tringa totanus*			中澳、中日		※		旅鸟
(36)	鹤鹬	*Tringaerythropus*			中日、中美		※		旅鸟

续表

序号	物种名	拉丁名	IUCN	CITES	中外候鸟保护协定	国家重点保护等级	三有保护鸟类	山东省重点保护	居留型
(37)	泽鹬	*Tringa stagnatilis*			中澳、中日、中美		※		旅鸟
六	鸥形目	Laridiformes							
10	鸥科	Laridae							
(38)	红嘴鸥	*Larus ridibundus*			中日、中美		※		冬候鸟
(39)	黑尾鸥	*Larus crassirostris*					※		夏候鸟
(40)	普通海鸥	*Larus canus*			中日		※		冬候鸟
(41)	银鸥	*Larus argentatus*			中日、中美		※		留鸟
(42)	黑嘴鸥	*Larussaundersi*	VU				※		夏候鸟
11	燕鸥科	Sternidae							
(43)	鸥嘴噪鸥	*Gelochelidon nilotica*					※	√	夏候鸟
(44)	红嘴巨燕鸥	*Hydroprogne caspia*			中澳		※	√	夏候鸟
(45)	粉红燕鸥	*Sterna dougallii*			中日		※		夏候鸟
七	鹤形目	Gruniformes							
12	秧鸡科	Rallidae							
(46)	白骨顶	*Fulica atra*			中日、中美		※		旅鸟
八	雀形目	Passeriformes							
13	燕科	Hirundinidae							

续表

序号	物种名	拉丁名	IUCN	CITES	中外候鸟保护协定	国家重点保护等级	三有保护鸟类	山东省重点保护	居留型
(47)	家燕	*Hirundo rustica*			中澳、中日、中美		※		夏候鸟
(48)	金腰燕	*Hirundo daurica*			中日		※		夏候鸟
14	鸦科	Corvidae							
(49)	喜鹊	*Pica pica*					※		留鸟
15	柳莺科	Phylloscopidae							
(50)	棕眉柳莺	*Phylloscopus armandii*					※		旅鸟
16	麻雀科	Passeridae							
(51)	［树］麻雀	*Passer montanus*					※		留鸟
(52)	家麻雀	*Passer domesticus*							留鸟
17	鹡鸰科	Motacillidae							
(53)	白鹡鸰	*Motacilla alba*			中澳、中日、中美		※		留鸟
18	鹟科	Muscicapidae							
(54)	红喉歌鸲	*Luscinia calliope*			中日		※		留鸟
(55)	蓝歌鸲	*Luscinia cyane*			中日		※		留鸟
(56)	北灰鹟	*Muscicapa latirostris*			中日		※		留鸟
(57)	黑喉石䳭	*Saxicola maurus*			中日				留鸟
九	鸽形目	Columbiformes							

续表

序号	物种名	拉丁名	IUCN	CITES	中外候鸟保护协定	国家重点保护等级	三有保护鸟类	山东省重点保护	居留型
19	鸠鸽科	Columbidae							
(58)	灰斑鸠	*Streptopelia decaocto*					※		留鸟
十	鸡形目	Galliformes							
20	雉科	Phasianidae							
(59)	雉鸡	*Phasianus colchicus*					※		留鸟
十一	隼形目	Falconiformes							
21	隼科	Falconidae							
(60)	红隼	*Falco tinnunculus*		Ⅱ		Ⅱ	※		旅鸟
十二	佛法僧目	Coraciiformes							
22	佛法僧科	Upuidae							
(61)	戴胜	*Upupa epops*					※		留鸟

注：①《国际自然与自然资源保护联盟》（IUCN）红色名录等级：“EN”表示濒危等级、“VU”表示易危等级；②按《濒危野生动植物物种国际贸易公约》（CITES）附录Ⅰ和Ⅱ标注；③候鸟保护协定：“中澳”表示《中华人民共和国政府和澳大利亚政府保护候鸟及其栖息环境协定》、“中日”表示《中华人民共和国政府和日本国政府保护候鸟及其栖息环境协定》、“中美”表示《中美迁徙鸟类名录》；④国家重点保护等级：Ⅰ级、Ⅱ级；⑤“※”表示隶属“三有保护鸟类”《（国家保护的、有益的或者有重要经济、科学研究价值的陆生野生动物名录》）；⑥“√”表示隶属山东省重点保护鸟类。

附表 6　保护区海岛名录

序号	名称	所在管辖地区	居民人口	面积（m^2）	岸线（m）
1	汪子岛	滨州市无棣县	198	512 494	6 202
2	沙头堡岛	滨州市北海经济开发区	1 346	998 101	5 291
3	大口河东岛	滨州市无棣县	—	379	124
4	高坨子岛	滨州市无棣县	—	87 029	1 783
5	棘家堡子岛	滨州市无棣县	—	101 680	3 141
6	棘家堡子一岛	滨州市无棣县	—	53 467	1 485
7	棘家堡子二岛	滨州市无棣县	—	71 817	1 640
8	棘家堡子三岛	滨州市无棣县	—	7 506	465
9	棘家堡子四岛	滨州市无棣县	—	20 886	791
10	汪子一岛	滨州市无棣县	—	6 306	398
11	汪子二岛	滨州市无棣县	—	6 815	358
12	汪子三岛	滨州市无棣县	—	3 718	398
13	汪子四岛	滨州市无棣县	—	16 046	971
14	北沙子岛	滨州市无棣县	—	22 702	1 100
15	车辋城	滨州市无棣县	—	57 353	1 234
16	秤砣台	滨州市无棣县	—	1 474	211
17	老沙头堡岛	滨州市北海经济开发区	—	214 292	6 723

附图

附图 1　保护区地理位置

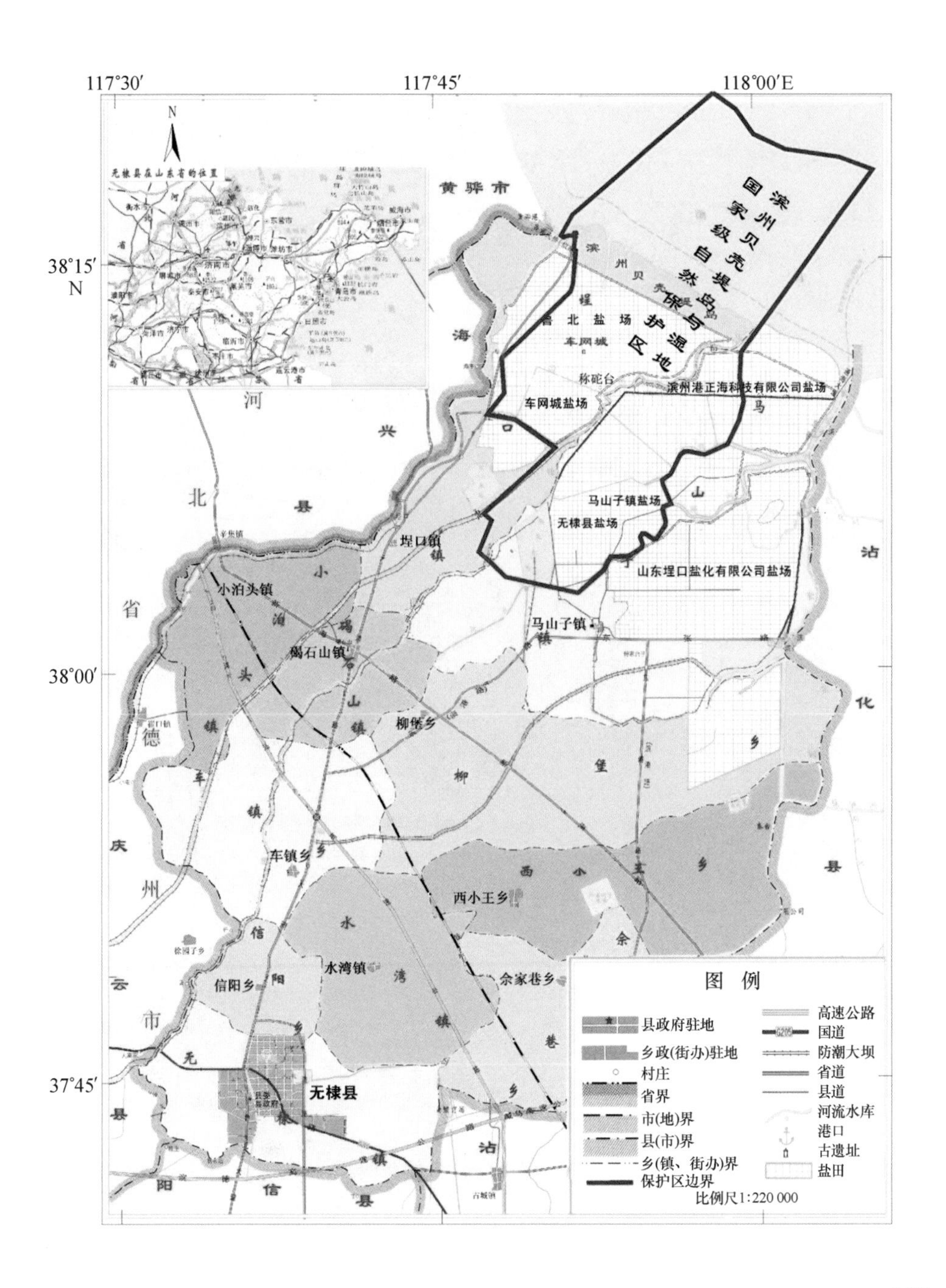

附图 2　保护区功能区划

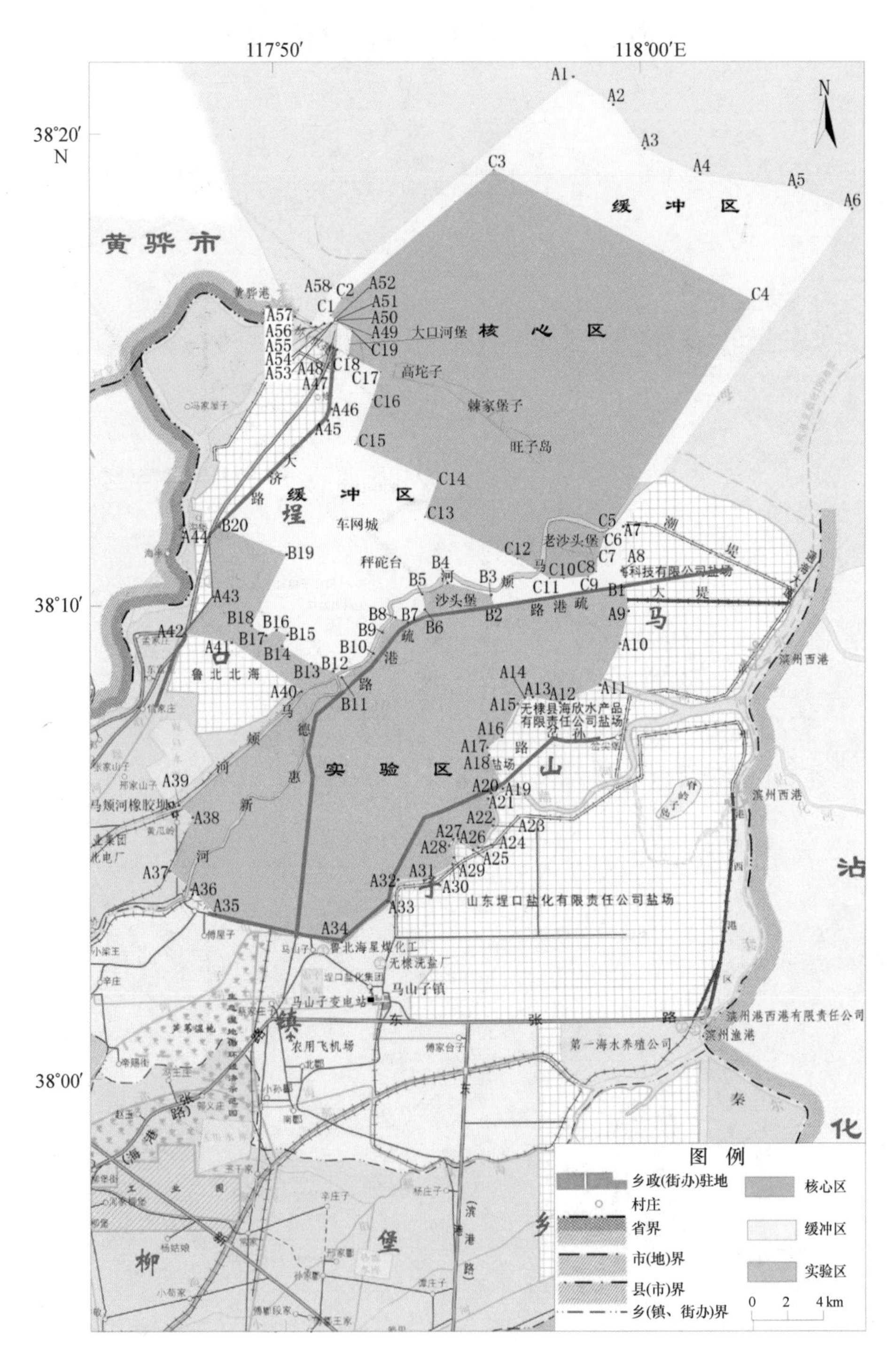
117°50′
118°00′E
38°20′
N
38°10′
38°00′
黄骅市
缓冲区
核心区
实验区
大口河堡
高坨子
棘家堡子
旺子岛
车网城
秤砣台
沙头堡
老沙头堡
鲁北北海
山东埕口盐化有限责任公司盐场
无棣县海欣水产品有限责任公司盐场
马山子镇
马山子变电站
农用飞机场
第一海水养殖公司
滨州港西港有限责任公司
滨州渔港
滨州西港
图例
乡政(街办)驻地
村庄
省界
市(地)界
县(市)界
乡(镇、街办)界
核心区
缓冲区
实验区
0 2 4 km

附图 3 保护区遥感图

117°50′
118°00′E
N
38°20′
N
38°10′
38°00′
影像：1.5 m真彩色融合
卫星：SPOT-7
数据采集时间：2015年9月26日
投影系统：UTM
制作单位：国家海洋环境监测中心
图 例
贝壳堤岛保护区范围

附图 4　保护区周边企业及村庄分布

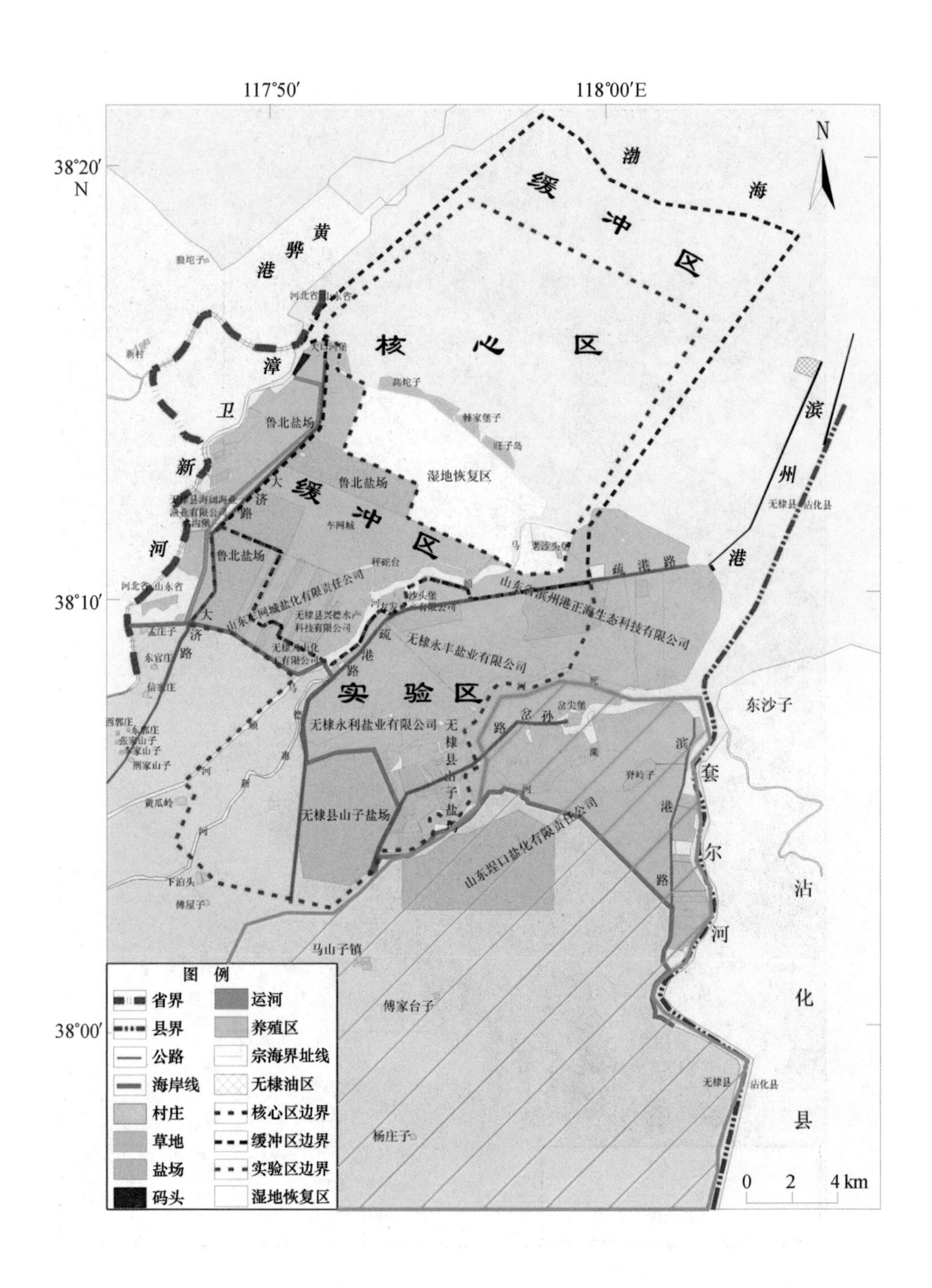

附图 5　滨州海洋功能区划

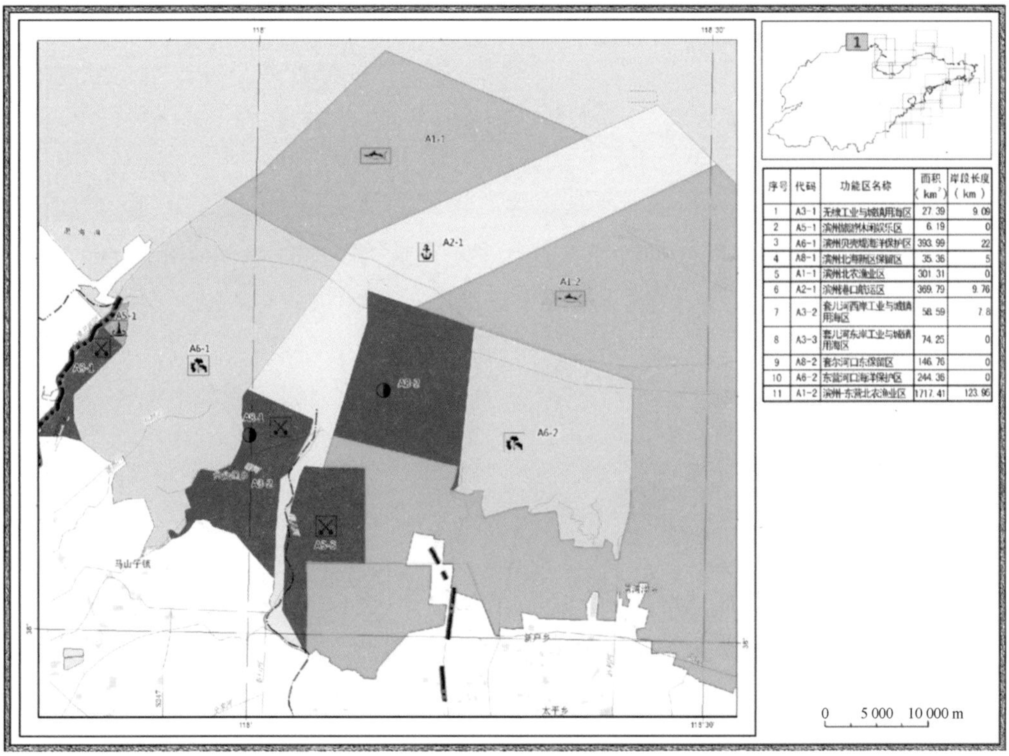

序号	代码	功能区名称	面积（km^2）	岸段长度（km）
1	A3-1	无棣工业与城镇用海区	27.39	9.09
2	A5-1	滨州旅游休闲娱乐区	6.19	0
3	A6-1	滨州贝壳堤海洋保护区	393.99	22
4	A8-1	滨州北海新区保留区	35.36	5
5	A1-1	滨州北农渔业区	301.31	0
6	A2-1	滨州港口航运区	369.79	9.76
7	A3-2	套儿河西岸工业与城镇用海区	58.59	7.8
8	A3-3	套儿河东岸工业与城镇用海区	74.25	0
9	A8-2	套尔河口东保留区	146.76	0
10	A6-2	东营河口海洋保护区	244.36	0
11	A1-2	滨州-东营北农渔业区	1717.41	123.96

附图6　无棣县海域使用现状

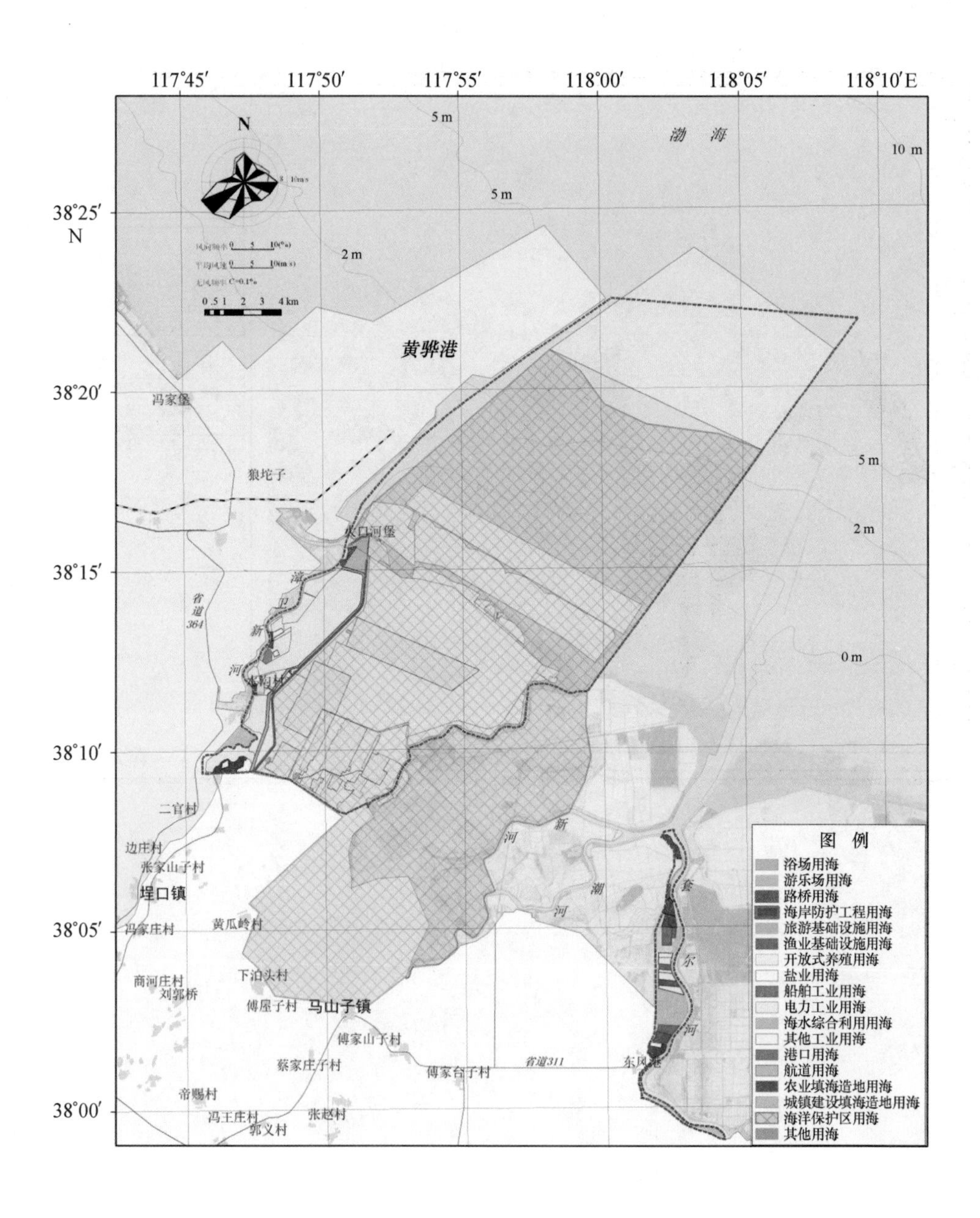

附图 7　无棣县海域使用规划（2013—2020 年）

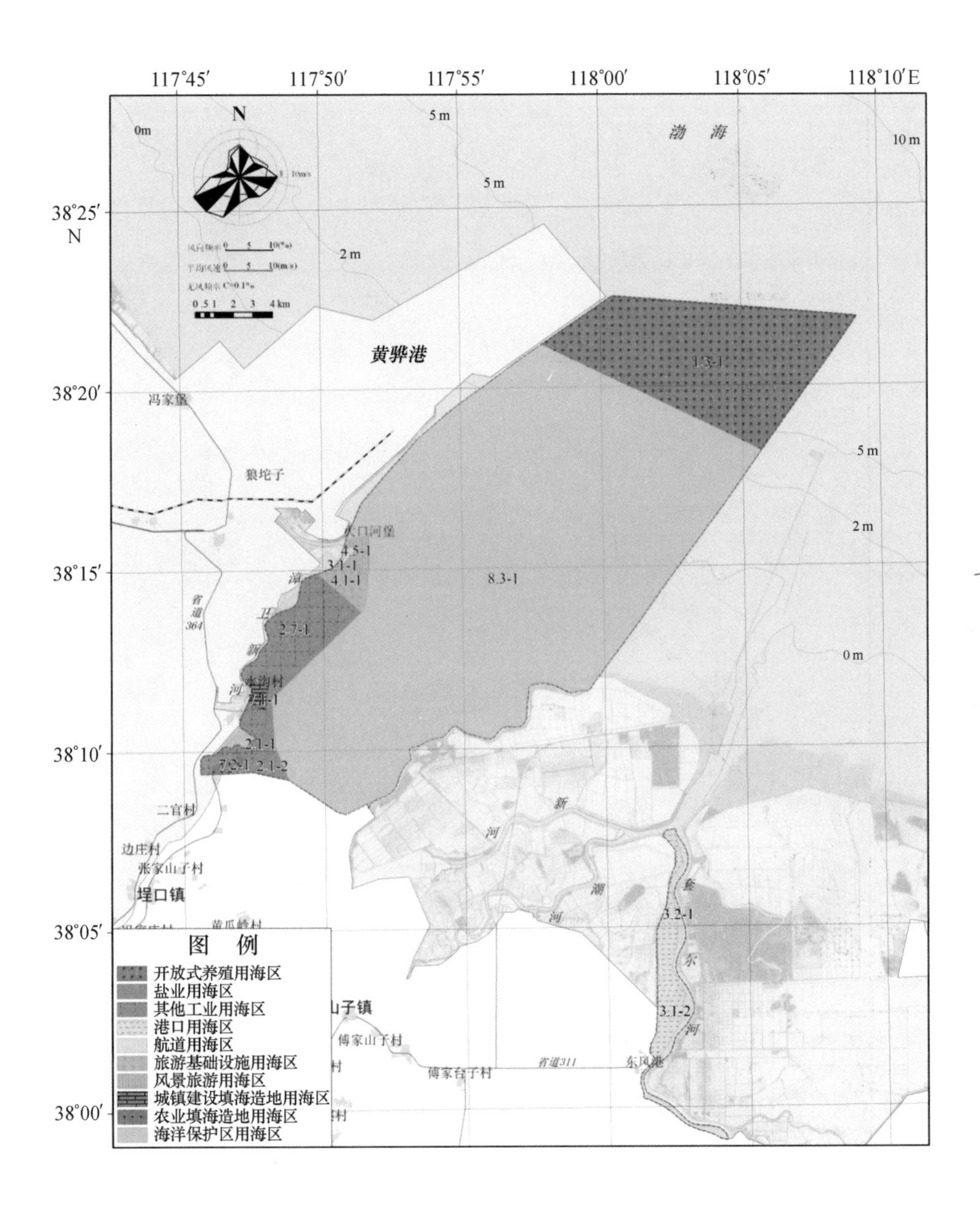

附图 8　无棣县综合交通及基础设施规划

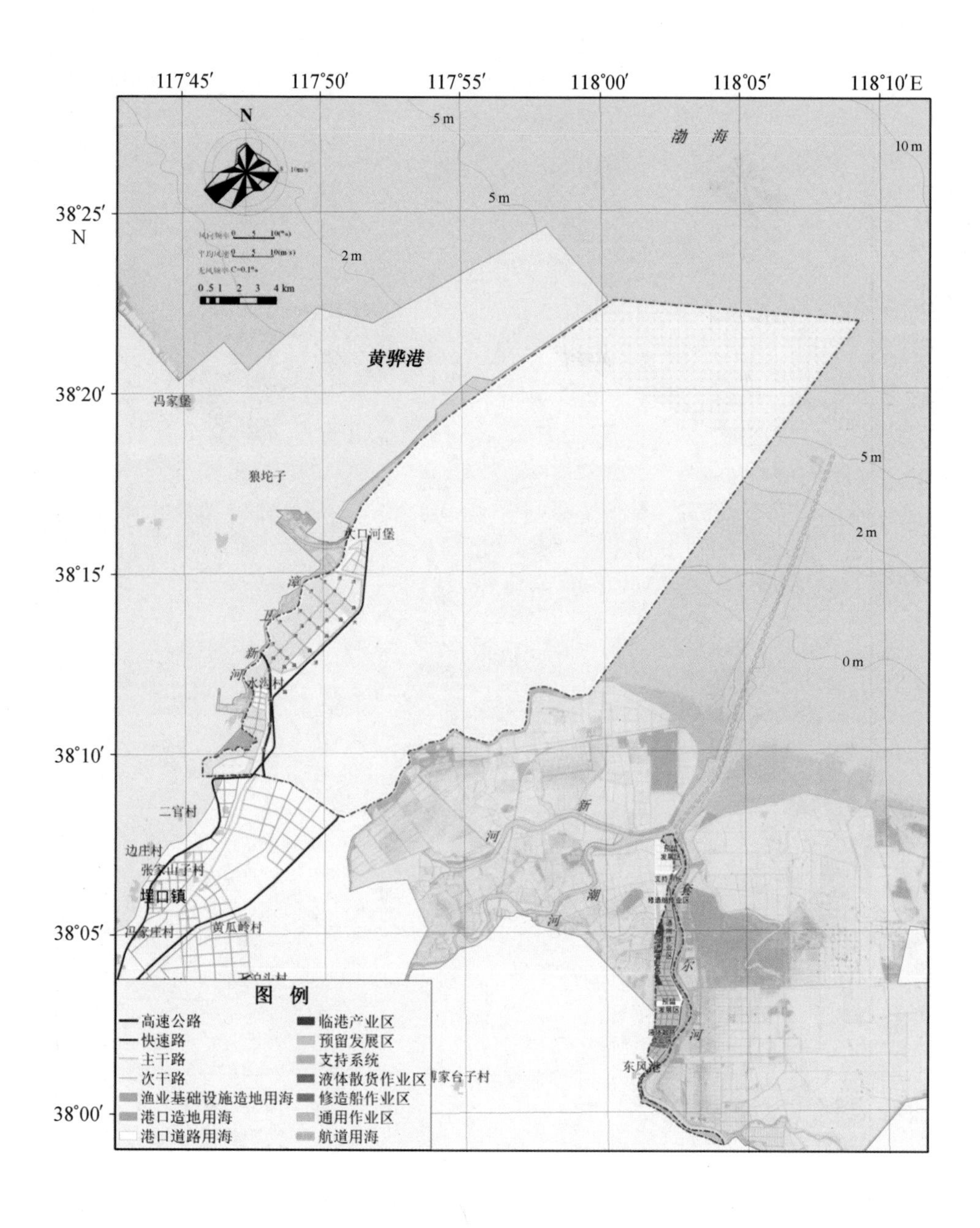

附图 9　滨州北海经济开发区综合交通现状

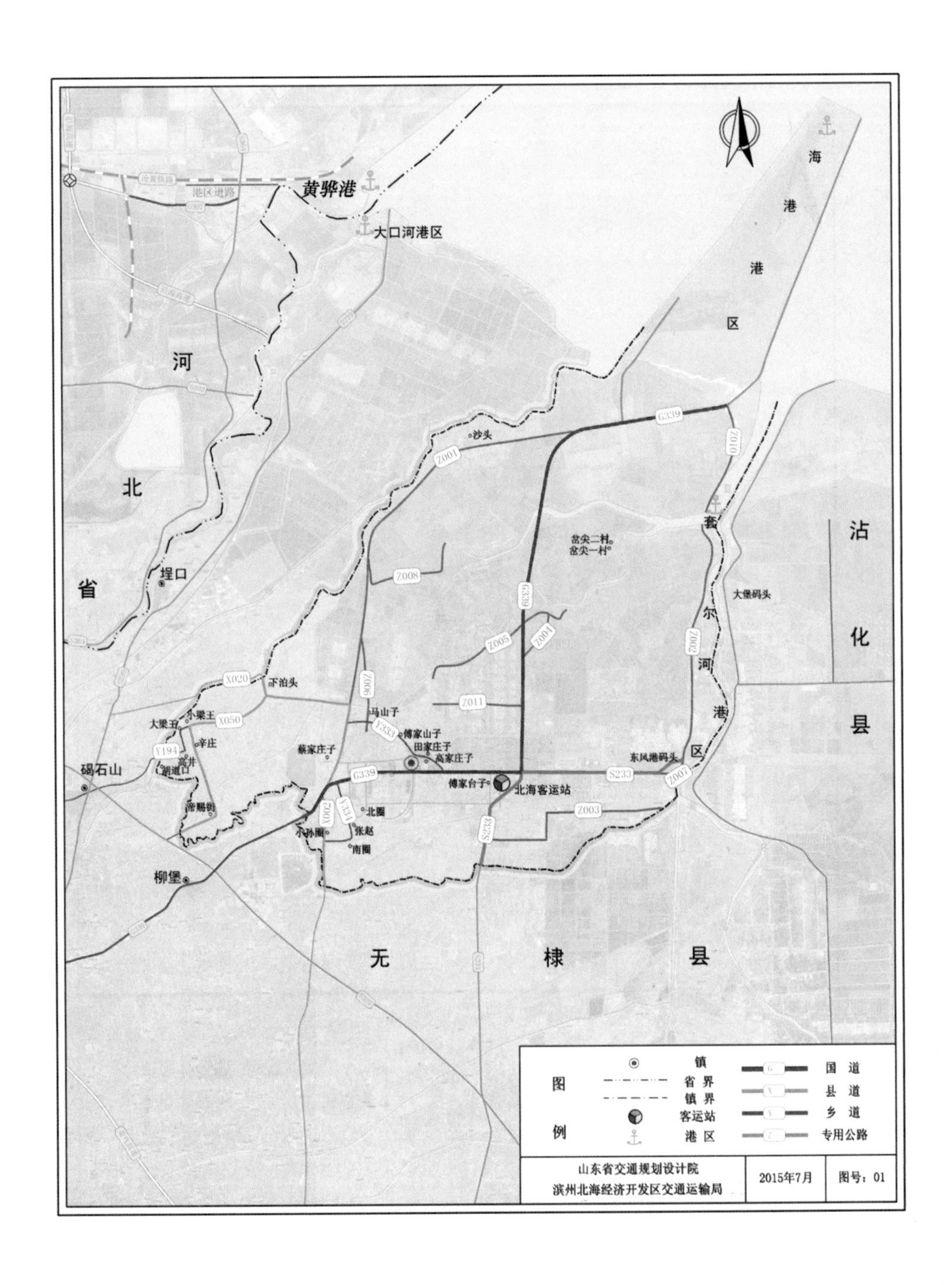

附图 10　保护区资源利用现状

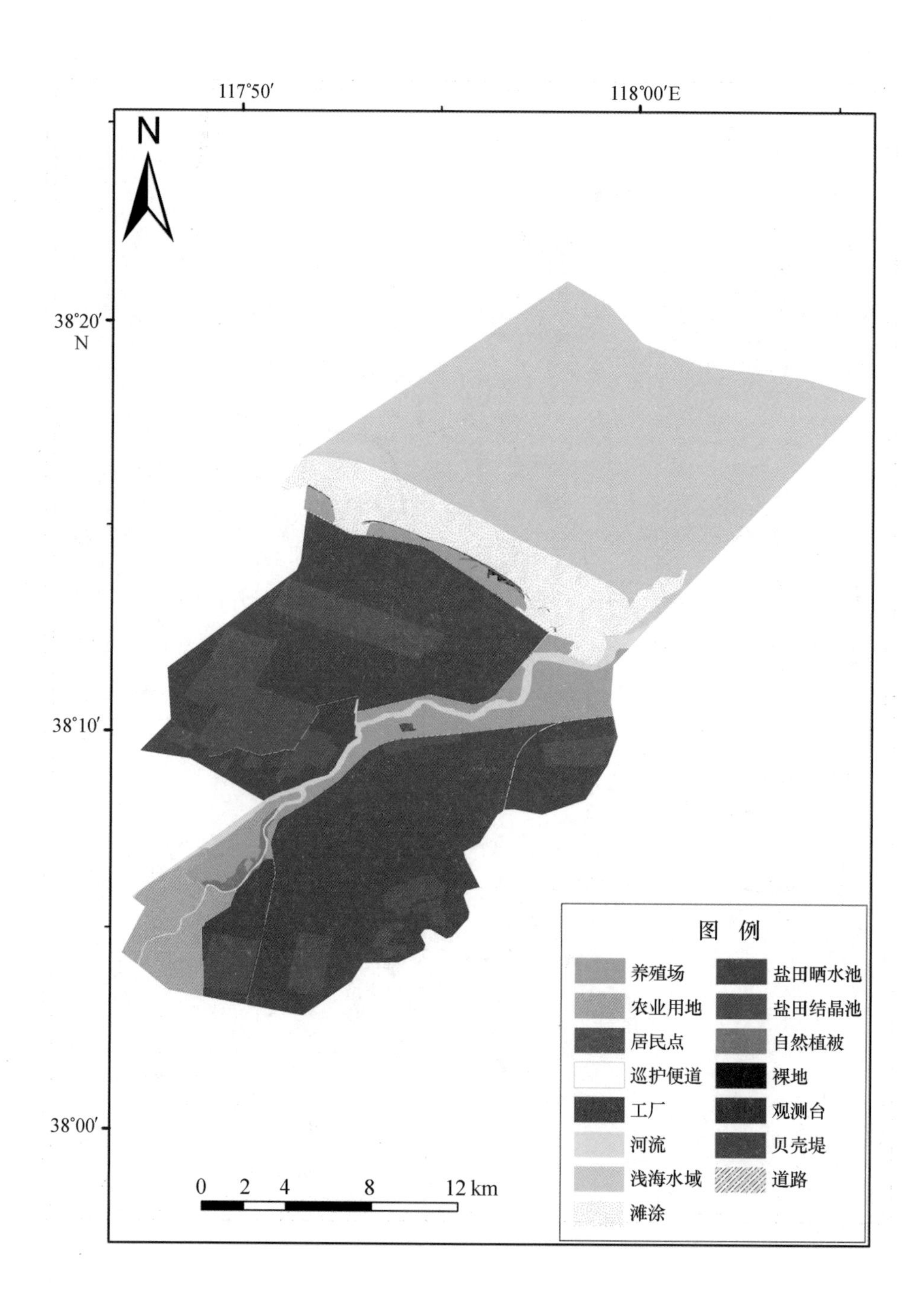

附图11 保护区重点建设项目布局示意

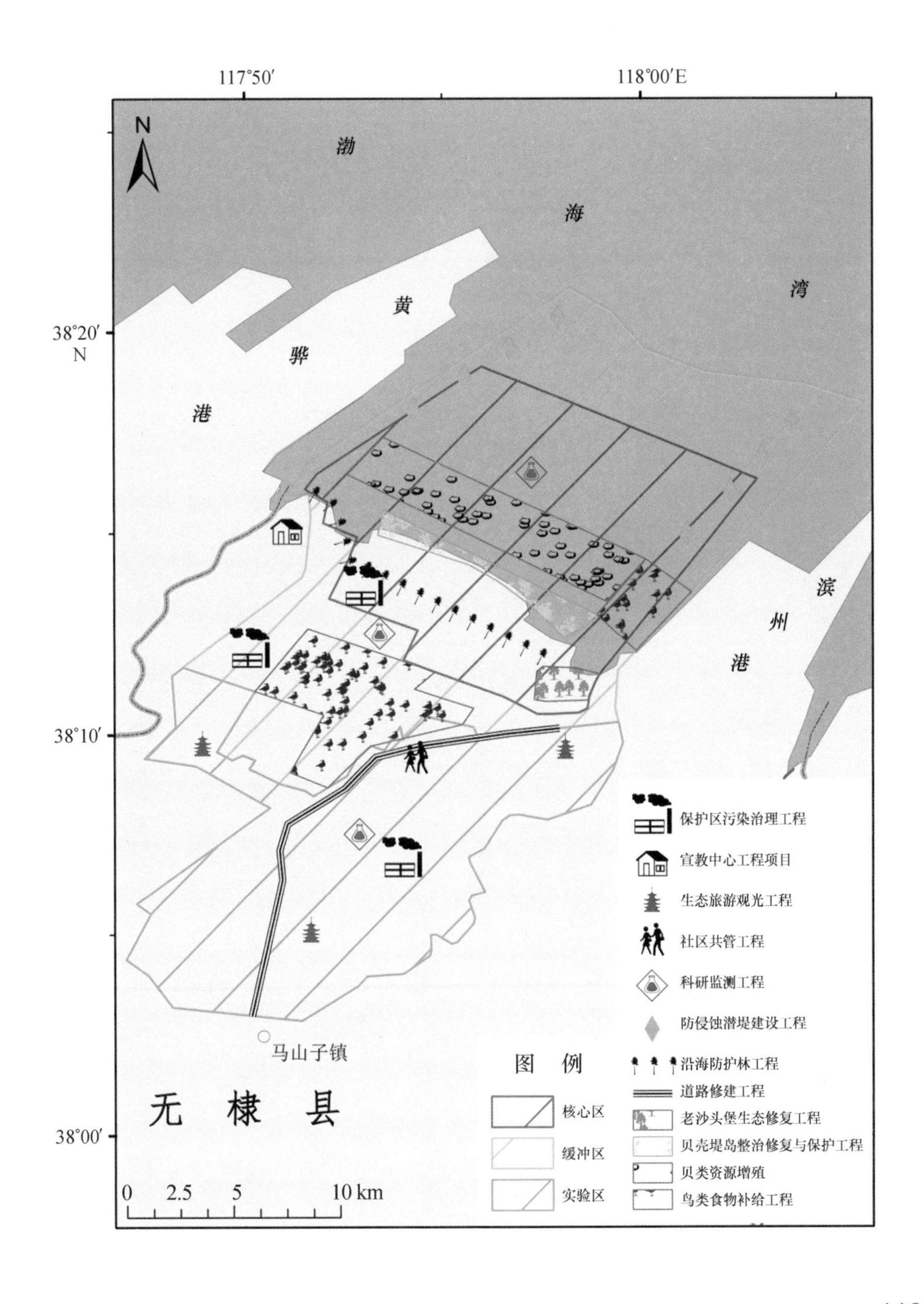